高 等 学 校 规 划 教 材

材料分析测试技术与应用

·马毅龙　主编　·董季玲　丁 皓　副主编

化学工业出版社

·北京·

本书内容是材料相关学科的重要必修知识，书中内容包括材料现代测试技术基础、衍射技术、电子显微分析技术、热分析技术、常用物理及化学相关测试分析方法等。全书注重基本原理和实际应用，共分为7章，第1章为X射线衍射分析原理、方法及应用；第2章为扫描电子显微分析；第3章为透射电子显微分析；第4章为热分析技术；第5章为原子力显微镜；第6章为常用物性测试分析方法；第7章为常用光谱分析方法简介。

本书根据实际教学和应用需要，为适应材料学、材料科学与工程、金属材料工程、无机材料工程、纳米材料与技术等材料类相关专业的教学而编写，也可作为冶金、石油、机械、化工等专业的教材，并可供相关专业的工程技术人员参考。

图书在版编目（CIP）数据

材料分析测试技术与应用/马毅龙主编. —北京：化学工业出版社，2017.9（2024.11重印）
高等学校规划教材
ISBN 978-7-122-30176-5

Ⅰ.①材… Ⅱ.①马… Ⅲ.①工程材料-分析方法-高等学校-教材②金属材料-测试技术-高等学校-教材 Ⅳ.①TB3

中国版本图书馆 CIP 数据核字（2017）第 165375 号

责任编辑：陶艳玲　　　　　　　　　　　　　　文字编辑：李　玥
责任校对：边　涛　　　　　　　　　　　　　　装帧设计：韩　飞

出版发行：化学工业出版社（北京市东城区青年湖南街 13 号　邮政编码 100011）
印　　装：北京科印技术咨询服务有限公司数码印刷分部
787mm×1092mm　1/16　印张 12　字数 291 千字　　2024 年 11 月北京第 1 版第 9 次印刷

购书咨询：010-64518888　　　　　　　　售后服务：010-64518899
网　　址：http://www.cip.com.cn
凡购买本书，如有缺损质量问题，本社销售中心负责调换。

定　　价：38.00 元　　　　　　　　　　　　　　　　　　版权所有　违者必究

  "材料分析测试技术与应用"是材料相关学科的重要必修课之一。编者根据多年的使用经验和体会，在参考国内外相关资料和书籍的基础上，结合国家教育部颁布的"国家中长期教育改革和发展规划纲要（2010—2020 年）"，通过将课堂授课和实验教学相结合，使学生掌握材料分析的相关技术，编写了《材料分析测试技术与应用》一书。书中内容包括材料现代测试技术基础、衍射技术、电子显微分析技术、热分析技术、常用物理及化学相关测试分析方法等，从相关的基本原理出发，使学生逐步了解分析设备的操作过程及解决实际问题的具体应用。

  全书共分 7 章，第 1 章为 X 射线衍射分析原理、方法及应用；第 2 章为扫描电子显微分析；第 3 章为透射电子显微分析；第 4 章为热分析技术；第 5 章为原子力显微镜；第 6 章为常用物性测试分析方法；第 7 章为常用光谱分析方法简介。鉴于材料分析工作的理论和实践性强，在编写过程中，编者着重于培养学生应用分析方法解决具体问题的能力，提供详细的应用实例，使学生在学习本书后能掌握具体的分析方法，同时配合大量插图、图表、实例，让概念更清晰化。此外，为了巩固所学知识，每章都有一定量的思考题。

  参加本书编写的人员有：重庆科技学院马毅龙博士编写第 1 章，董季玲博士编写第 2、3 章，丁皓博士编写第 4、7 章，高荣礼博士编写第 5 章，高荣礼与郭东林博士共同编写第 6 章。全书由马毅龙博士统稿。在编写过程中参考了许多文献，主要参考文献列于各章后，在此谨向所有参考文献的作者致以诚挚的感谢。在本书的编写和出版过程中，得到了重庆科技学院冶金与材料工程学院的大力支持，在此表示衷心的感谢！

  本书根据实际教学和应用需要，为适应材料类相关专业本科与研究生的教学而编写，也可作为冶金、石油、机械、化工等专业的教材，并可供相关专业的工程技术人员参考。由于材料测试技术发展日新月异，技术不断更新，加上编者水平所限，不足之处敬请读者批评指正。

编者

2017 年 7 月

第2章　扫描电子显微分析 ……………………………………………………… **34**

第3章　透射电子显微分析 ··········· **63**

第6章 常用物性测试分析方法 **135**

第7章 常用光谱分析方法简介 **160**

第1章 X射线衍射分析原理、方法及应用

材料在人类社会进步中起着非常重要的作用，材料科学与工程研究的是有关材料的制备、组成、组织结构与材料性能和用途之间的关系，如不同制备工艺可能得到不同的材料性能，相同制备工艺而成分不同的材料性能也会不同；同时材料性能的好坏与其组织结构有着密切联系，因此我们说在材料研究中材料的化学组成和材料结构分析是非常重要的。对材料的分析需要借助各种材料测试方法，从材料结构研究的主要方面来说有三个，即成分分析、结构测定和形貌观察，其中衍射分析方法是材料结构测定的主要方法。

X射线衍射技术是研究材料晶体结构及其变化规律的主要手段。作为一种物质晶体结构的表征手段，其应用遍及地质、矿产、冶金、材料、物理、化学、医药、农林等各个与物质晶体结构或非晶结构相关的领域。

X射线衍射仪分为单晶衍射仪和多晶衍射仪两种。单晶衍射仪的被测对象为单晶体试样，主要用于确定未知晶体材料的晶体结构。多晶X射线衍射仪也称为粉末衍射仪，被测对象通常为粉末，也可为块体和薄膜，材料种类可为金属、无机非金属和高分子材料。

多晶X射线衍射分析法是一种重要的物理化学实验方法，有着广泛的应用和很多独特的优点，特别适用于物相分析，它可测定晶态物质的晶体结构参数以及一些与晶体结构参数有关的物理常数或物理量（如晶体的密度、热膨胀系数，金属材料中的宏观应力等），它也是结构分析的主要方法。

1.1 晶体结构简介

任何物质均是由原子、离子或分子组成的。晶体有别于非晶体物质，晶体是指内部原子、离子或分子具有严格的周期性有序排列。虽然不同物质晶体中的原子、离子或分子的排列方式各不相同、千差万别，呈现出各种不同的性质，但晶体具有一些基本属性，这些基本属性是一切晶体所共有的。

1.1.1 晶体结构的基本特点

（1）自限性：指晶体在适当的条件下可以自发地形成几何多面体的性质。

（2）均一性：指同一晶体内部不同的部分具有相同的性质。

（3）异向性：晶体的性质在不同方向上有差异的特性。因为同一晶体在不同方向上质点的排列一般是不一样的，因此晶体的性质也随晶体方向不同而有差异。

（4）对称性：指晶体中相等的晶面、晶棱和顶角，以及晶体物理化学性质在不同方向上或位置上有规律地重复出现。晶体的宏观对称性是由晶体内部格子构造的对称性所决定的。

（5）最小内能性：在相同的热力学条件下，晶体与同组成的气体、液体及非晶态固体相

比内能最小。

1.1.2 点阵与点阵结构

为准确描述晶体的空间结构，将晶体中无限个相同的点构成的集合称为点阵；空间点阵只是一个几何图形，它不等于晶体内部具体质点的格子构造，它是从实际晶体内部结构中抽象出来的无限个几何图形，如图 1.1 所示。虽然对于实际晶体来说，不论晶体多小，它们所占空间总是有限的，但在微观上，可以将晶体想象成等同点在三维空间是无限排列的。

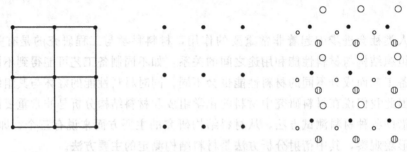

图 1.1 晶体的某一平面结构及空间格子

空间点阵有下列几种要素：

(1) 结点：结点指空间点阵中的点，它们代表晶体结构中的等同点。在实际晶体中，在结点的位置上为同种质点所占据。但是，就结点本身而言，它们并不代表任何质点，它们是只有几何意义的几何点。

(2) 行列：行列指结点在直线上的排列（见图 1.2）。空间点阵中任意两结点连接起来就是一条行列方向。行列中相邻结点间的距离称为该行列的结点间距（如图 1.2 中的 a）。在同一行列中结点间距是相等的，在平行的行列上结点间距也是相等的。不同方向的行列，其结点间距一般是不等的，行列结点在某些方向上分布较密，而在另一些方向上则较稀。

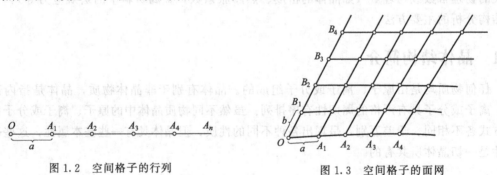

图 1.2 空间格子的行列

图 1.3 空间格子的面网

(3) 面网：结点在平面上分布即构成面网，见图 1.3。空间点阵中不在同一行列上的任意三个结点就可连成一个面网。面网上单位面积内结点的数目称为面网密度。任意两个相邻面网的垂直距离称为面网间距（也称晶面间距）。相互平行的面网，它们的面网密度和面网间距相等；互不平行的面网，它们的面网密度和面网间距一般不等。而且面网密度大的其面网间距也大，反之，面网间距就越小，如图 1.4 所示。

(4) 平行六面体：它由六个两两平行且相等的面组成，见图 1.5。空间点阵可以看成是无数个平行六面体在三维空间毫无间隙地重复堆叠而成。

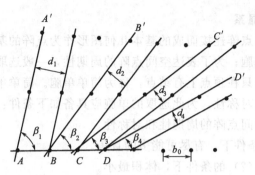

图 1.4　面网密度与面网间距的关系

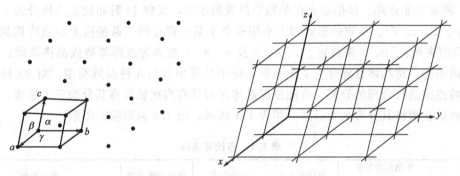

图 1.5　空间点阵及空间格子

因为空间点阵是从实际晶体结构中等同点抽象出来的，单位平行六面体能够代表晶体结构在空间排列的几何特征。与单位平行六面体相对应的这一部分晶体结构称为晶胞。单位平行六面体的大小及形状与晶胞完全一样，点阵常数值也就是晶胞常数值。

1.1.3　晶体的宏观对称性

晶体在外形及内部构造上都表现出很多对称的特点。晶体的对称性与晶体的物理性质有很大关系。晶体的宏观对称性来源于点阵结构的对称性，因此对晶体宏观对称性的研究有助于了解晶体的内部结构。

1.1.3.1　晶体宏观对称的特点

（1）由于空间点阵是晶体内部质点排列规则的反映，所以晶体的宏观对称性还必须满足相应空间点阵的对称性。

（2）晶体的外形是一个封闭有限的几何体。晶体的宏观对称性必须反映这个晶体的几何外形的对称性，主要是指外表面晶面（法线）方向的对称性。

1.1.3.2　点群

在晶体形态中，全部对称要素的组合称为该晶体形态的对称型或点群。一般来说，当强调对称要素时称对称型，强调对称操作时称点群。对称变换的集合称为对称变换群，相应的对称要素的集合称为对称要素群，两者统称为对称群。

用来表示点群的国际符号由三个主要晶向上的对称要素组成。例如六方晶系的三个主要晶向依次为 c、a、$2a+b$。沿 c 方向的对称要素有 1 个六次轴、1 个对称面；沿 a 方向有 1 个二次轴、1 个对称面；沿 $2a+b$ 方向也有 1 个二次轴、1 个对称面，故记作 $\dfrac{6}{m}\dfrac{2}{m}\dfrac{2}{m}$。

1.1.3.3 布拉菲点阵与晶系

在点阵中选择一个由点阵连接而成的基本几何图形作为点阵的基本单元来表达晶体结构的周期性，称为晶胞或单胞；为了表达空间点阵的周期性，一般选取体积最小的平行六面体作为单位单胞，这种单胞只在顶点上有结点，称为简单单胞。简单单胞仅反映出晶体的周期性，不能反映晶体结构的对称性，为此选取的单胞应具备如下条件：

（1）能同时反映出空间点阵的周期性和对称性。

（2）在满足（1）的条件下，有尽可能多的直角。

（3）在满足（1）和（2）的条件下，体积最小。

法国晶体学家布拉菲经长期的研究发现，符合上述三个原则选取的单胞只能有 14 种，称为 14 种布拉菲点阵。根据结点在单胞中位置的不同，又将 14 种布拉菲点阵分为 4 种点阵类型（P、C、I、F）。单胞的形状和大小用相交于某一顶点的三条棱边上的点阵周期 a、b、c 及其间的夹角 α、β、γ 来描述。a、b、c 及 α、β、γ 被称为点阵常数或晶格常数。根据点阵常数的不同，将晶体点阵分为 7 个晶系，每个晶系中包括几种点阵类型。对 32 种点群按其对称特点来进行合理的分类。首先根据晶体是否具有高次轴而将其分为三大晶族，然后根据主轴的轴次再将其分为七大晶系，如表 1.1 所示，图 1.6 为对应的图形。

表 1.1 布拉菲点阵

晶系	单胞形状特征 （点阵参数）	布拉菲点阵	点阵符号	单胞内阵点数	阵点坐标
立方（等轴）	$a=b=c$ $\alpha=\beta=\gamma=90°$	简单立方	P	1	000
		体心立方	I	2	$\frac{1}{2}\frac{1}{2}\frac{1}{2}$
		面心立方	F	4	$000, \frac{1}{2}\frac{1}{2}0$ $\frac{1}{2}0\frac{1}{2}, 0\frac{1}{2}\frac{1}{2}$
正方（四方）	$a=b\neq c$ $\alpha=\beta=\gamma=90°$	简单正方	P	1	000
		体心正方	I	2	$000, \frac{1}{2}\frac{1}{2}\frac{1}{2}$
斜方（正交）	$a\neq b\neq c$ $\alpha=\beta=\gamma=90°$	简单斜方	I	1	000
		体心斜方	P	2	$000, \frac{1}{2}\frac{1}{2}\frac{1}{2}$
		底心斜方	C	2	$000, \frac{1}{2}\frac{1}{2}0$
		面心斜方	F	4	$000, \frac{1}{2}\frac{1}{2}0, \frac{1}{2}0\frac{1}{2}, 0\frac{1}{2}\frac{1}{2}$
菱方（三方）	$a=b=c$ $\alpha=\beta=\gamma\neq90°$	简单菱方	R	1	000
六方	$a=b\neq c$ $\alpha=\beta=90°, \gamma=120°$	简单六方	P	1	000
单斜	$a\neq b\neq c$ $\alpha=\gamma=90°\neq\beta$	简单单斜	P	1	000
		底心单斜	C	2	$000, \frac{1}{2}\frac{1}{2}0$
三斜	$a\neq b\neq c$ $\alpha\neq\beta\neq\gamma\neq90°$	简单三斜	P	1	000

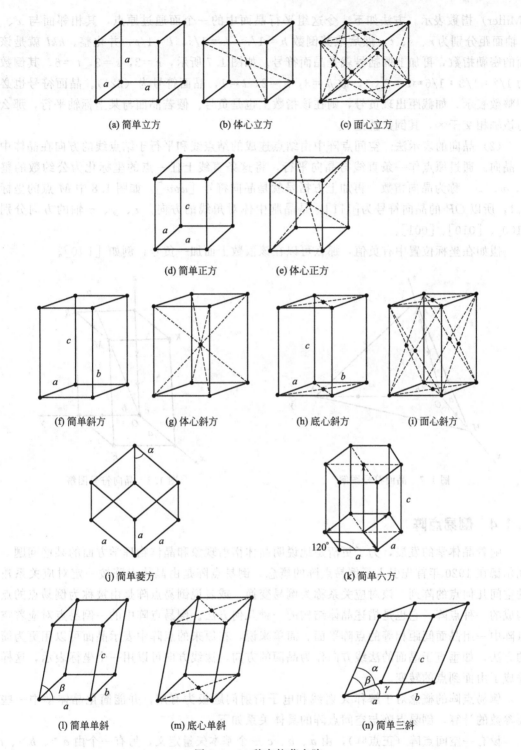

(a) 简单立方　　　　　　　(b) 体心立方　　　　　　　(c) 面心立方

(d) 简单正方　　　　　　　(e) 体心正方

(f) 简单斜方　　(g) 体心斜方　　(h) 底心斜方　　(i) 面心斜方

(j) 简单菱方　　　　　　　(k) 简单六方

(l) 简单单斜　　　　(m) 底心单斜　　　　(n) 简单三斜

图 1.6　14 种布拉菲点阵

1.1.3.4　晶面和晶向的表示法

（1）晶面的表示法。把点阵中的结点全部分列在一系列平行等距离的平面上，这样的平面称为晶面。点阵中的平面可以有无数多组。对于一组平行的等距离晶面，可用密勒

（Miller）指数表示。方法如下：令这组平行晶面中的一个面通过原点，其相邻面与 x、y、z 轴面距分别为 r、s、t，然后取其倒数 $h = 1/r$，$k = 1/s$，$l = 1/t$，并化整。hkl 就是该晶面的密勒指数，再加上圆括号就是晶面符号。如图 1.7 所示，$r = 2$，$s = 3$，$t = 6$，其倒数比为 $1/2 : 1/3 : 1/6 = 3 : 2 : 1$，故 $h = 3$，$k = 2$，$l = 1$，晶面符号为（321）。晶面符号也必须用整数表示，如截距出现负号，则在该指数上也是负号。假若晶面与某坐标轴平行，那么它与该轴相交于∞，其倒数就是 0。

（2）晶向的表示法。空间点阵中由结点连成的结点线和平行于结点线的方向在晶体中称为晶向。通过原点作一条直线与晶向平行，将这条直线上任一点的坐标化为公约数的整数 u、v、w，称为晶向指数，再加上方括号就是晶向符号 $[uvw]$。如图 1.8 中 M 点的坐标为 111，所以 OP 的晶向符号为 [111]，是晶胞中体对角线的方向。x、y、z 轴的方向分别为 [100]、[010]、[001]。

假如在坐标位置中有负值，那么可以在该值数上面加一负号，例如 $[1\bar{1}0]$。

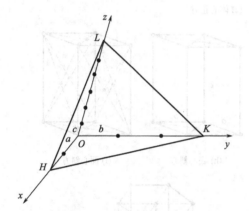

图 1.7　晶面符号图解

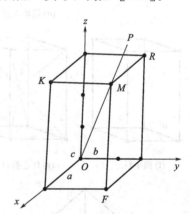

图 1.8　晶向符号图解

1.1.4　倒易点阵

随着晶体学的发展，为了更清楚地说明晶体衍射现象和晶体物理学方面的某些问题，厄瓦尔德在 1920 年首先引入了倒易点阵的概念。倒易点阵是由晶体点阵按一定对应关系建立的空间几何点的阵列，该对应关系称为倒易变换。或者说倒易点阵是由被称为倒易点的点所构成的一种点阵，它也是描述晶体结构的一种几何方法。倒易点阵中的一倒易点对应着空间点阵中一组晶面间距相等的点阵平面。简单来说，在原来的点阵中表示晶面可以用更为简洁的方法，如垂直于晶面的法线方向作为晶面的方向，法线方向可以用一个坐标表示，这样就完成了由面到点的转变。

倒易点阵的概念对于解释 X 射线和电子衍射问题极为有用，并能简化晶体学中一些重要参数的计算，倒易点阵与空间点阵的具体关系如下。

设有一空间点阵（正点阵），由 a、b、c 三个基本矢量定义，另有一个由 a^*、b^*、c^* 基本矢量定义的点阵满足以下关系：

$$a^* \cdot b = a^* \cdot c = b^* \cdot a = b^* \cdot c = c^* \cdot a = c^* \cdot b = 0$$
$$a^* \cdot a = b^* \cdot b = c^* \cdot c = K（K 等于 1 或 \lambda）$$

$$(1.1)$$

则称由 a^*、b^*、c^* 定义的点阵为倒易点阵。式中，a、b、c 和 a^*、b^*、c^* 是对称

的，故由它们定义的点阵互为对方的倒易点阵。

由 $a^* \cdot b = a^* \cdot c = 0$ 可知：$a^* \perp b$ 和 $a^* \perp c$，故可将 a^* 表达为：

$$a^* = \alpha_1 [b \times c] \tag{1.2}$$

又因为 $a^* \cdot a = K$，则有：

$$a \cdot a^* = K = \alpha_1 a \cdot [b \times c] \tag{1.3}$$

或

$$\alpha_1 = \frac{K}{a \cdot [b \times c]} \tag{1.4}$$

将式（1.4）代入式（1.3），并同理可得：

$$\left. \begin{array}{l} a^* = K \dfrac{b \times c}{a \cdot [b \times c]} \\[2mm] b^* = K \dfrac{c \times a}{a \cdot [b \times c]} \\[2mm] c^* = K \dfrac{a \times b}{a \cdot [b \times c]} \end{array} \right\} \tag{1.5}$$

式中，如果 K 取 1，并利用空间点阵单位晶胞体积 $V = a \cdot [b \times c]$ 代入，有：

$$\left. \begin{array}{l} a^* = [b \times c] / V \\ b^* = [c \times a] / V \\ c^* = [a \times b] / V \end{array} \right\} \tag{1.6}$$

同理：

$$\left. \begin{array}{l} a = [b^* \times c^*] / V^* \\ b = [c^* \times a^*] / V^* \\ c = [a^* \times b^*] / V^* \end{array} \right\} \tag{1.7}$$

式中，$V^* = a^* \cdot [b^* \times c^*]$ 是倒易点阵中单位晶胞体积。图 1.9 为空间点阵和其对

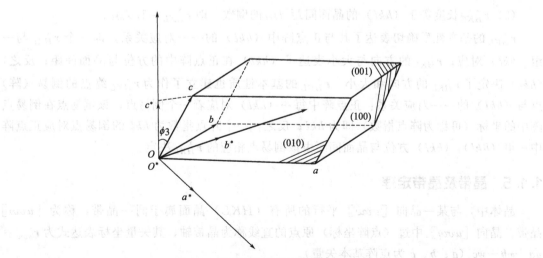

图 1.9 空间点阵和其对应的倒易点阵

应的空间点阵。

对于立方晶系，有

$$|[\boldsymbol{b}\times\boldsymbol{c}]| = |[\boldsymbol{c}\times\boldsymbol{a}]| = |[\boldsymbol{a}\times\boldsymbol{b}]| = a^2 \text{ 和 } V = a^3, \text{ 故 } |\boldsymbol{a}^*| = |\boldsymbol{b}^*| = |\boldsymbol{c}^*| = \frac{1}{a}$$

图 1.10 为立方点阵及其晶面以及其在倒易点阵中的反映。

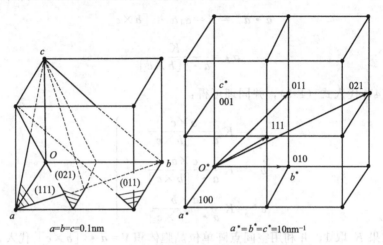

图 1.10 立方点阵及其晶面及其对应的倒易点阵

有了倒易基本矢量 $\boldsymbol{a}^*$、$\boldsymbol{b}^*$、$\boldsymbol{c}^*$，将它在空间平移，便可得倒易点阵，倒易点阵中的阵点称为倒易节点。以任一倒易点阵为坐标原点（一般取倒易坐标原点与正点阵的坐标原点重合），以 $\boldsymbol{a}^*$、$\boldsymbol{b}^*$、$\boldsymbol{c}^*$ 为三坐标轴单位矢量，由倒易原点向任意倒易点阵的连接矢量称为倒易矢量，用 $\boldsymbol{r}^*$ 表示。若 $\boldsymbol{r}^*$ 终点坐标为（H，K，L），$\boldsymbol{r}^*$ 记为 $\boldsymbol{r}^*_{HKL}$，则 $\boldsymbol{r}^*$ 在倒易点阵中的坐标表达式为：

$$\boldsymbol{r}^*_{HKL} = H\boldsymbol{a}^* + K\boldsymbol{b}^* + L\boldsymbol{c}^* \tag{1.8}$$

$\boldsymbol{r}^*_{HKL}$ 的基本性质：

（1）$\boldsymbol{r}^*_{HKL}$ 垂直于正点阵中相应的（hkl）晶面；

（2）$\boldsymbol{r}^*_{HKL}$ 长度等于（hkl）的晶面间距 d_{hkl} 的倒数，即 $\boldsymbol{r}^*_{HKL} = 1/d_{hkl}$。

$\boldsymbol{r}^*_{HKL}$ 的基本性质确切表达了其与正点阵中（hkl）的一一对应关系，即一个 $\boldsymbol{r}^*_{HKL}$ 与一组（hkl）对应；$\boldsymbol{r}^*_{HKL}$ 的方向与大小表达了（hkl）在正点阵中的方位与晶面间距；反之，（hkl）决定了 $\boldsymbol{r}^*_{HKL}$ 的方向和大小。$\boldsymbol{r}^*_{HKL}$ 的基本性质也建立了作为 $\boldsymbol{r}^*_{HKL}$ 终点的倒易（阵）点与（hkl）的一一对应关系：正点阵中每一（hkl）对应着一个倒易点，该倒易点在倒易点阵中的坐标（可称为阵点指数）即为 hkl；反之，一个阵点指数为 hkl 的倒易点对应正点阵中一组（hkl），（hkl）方位与晶面间距由该倒易点相应的 $\boldsymbol{r}^*_{HKL}$ 决定。

1.1.5 晶带及晶带定理

晶体中，与某一晶向 [uvw] 平行的所有（HKL）晶面属于同一晶带，称为 [uvw] 晶带；晶向 [uvw] 中过（点阵坐标）原点的直线称为晶带轴，其矢量坐标表达式为 $\boldsymbol{r}_{uvw} = u\boldsymbol{a} + v\boldsymbol{b} + w\boldsymbol{c}$（$\boldsymbol{a}$、$\boldsymbol{b}$、$\boldsymbol{c}$ 为点阵基本矢量）。

由于同一 [uvw] 晶带各（HKL）晶面中法线与晶带轴垂直，也即各（HKL）面对应

的倒易矢量 r_{uvw} 与晶带轴垂直，故有

$$r_{uvw}^* \times r_{HKL}^* = (ua + vb + wc) \times (Ha^* + Kb^* + Lc^*) = 0$$

即 $$Hu + Kv + Lw = 0 \qquad (1.9)$$

式（1.9）称为晶带定理，表明了晶带轴指数 $[uvw]$ 与属于该晶带的晶带指数（HKL）的关系。

显然，同一 $[uvw]$ 晶带中各（HKL）面对应的倒易（阵）点（及相应的倒易矢量）位于过倒易原点 O^* 的一个倒易（阵点）平面内。反之，也可以说过 O^* 的每一个倒易（阵点）平面上各倒易点（或倒易矢量）对应的（正点阵中的）各（HKL）晶面属于同一晶带，晶带轴 $[uvw]$ 的方向即为此倒易平面的法线方向，此平面称为 $(uvw)_0^*$ 零层倒易平面。在倒易点阵中，以 $[uvw]$ 为法线方向的一系列相互平行的倒易平面中，$(uvw)_0^*$ 即为其中过倒易原点的那个倒易平面。

如图 1.11 所示，正空间中晶体的 $[uvw]$ 晶带，其 $(h_1 k_1 l_1)$、$(h_2 k_2 l_2)$ 及 $(h_3 k_3 l_3)$ 的法向 N_1、N_2 及 N_3 与倒易矢量 g_1、g_2 及 g_3 的方向相同。因为各倒易矢量都和其晶带轴 $r = [uvw]$ 垂直，所以有 $g_{hkl} \times r = 0$，也就是 $hu + kv + lw = 0$。

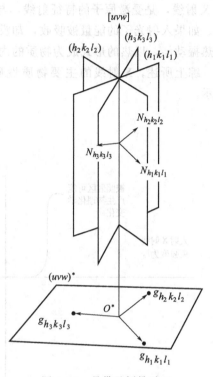

图 1.11　晶带及倒易平面

1.2　X射线基础

1.2.1　X射线简介

1895 年伦琴研究阴极射线管时，发现了一种有穿透力的、肉眼看不见的射线，由于其本质在当时是一个"未知数"，故称为 X 射线。

X 射线和可见光一样属于电磁辐射，波长介于紫外线与 γ 射线之间；它的光子能量比可见光的光子能量大得多，表现出明显的粒子性。X 射线与其他电磁波一样，能产生反射、折射、散射、干涉、衍射、偏振和吸收等现象，但是物质（特别是晶体）对 X 射线的散射和衍射能够传递极为丰富的微观结构信息，因而大多数关于 X 射线光学性质的研究及其应用都集中在散射和衍射现象上，尤其是衍射方面。

X 射线穿透物质时会被部分吸收，其强度将被衰减变弱。根据 X 射线与物质之间的物理作用，分为入射线被电子散射的过程和入射线能量被原子吸收的过程。

X 射线的散射过程又可分为两种：一种是只引起 X 射线方向的改变，不引起能量变化的散射，称为相干散射，这是 X 射线衍射的物理基础；另一种是既引起 X 射线光子方向改

变，也引起其能量改变的散射，称为不相干散射或康普顿散射，此过程同时产生反冲电子（光电子）。

物质吸收 X 射线的过程主要是光电效应和热效应。物质中的原子被入射 X 射线激发，受激原子产生二次辐射和光电子入射线的能量因此被转化从而导致衰减。二次辐射又称为荧光 X 射线，是受激原子的特征射线，与入射线波长无关。荧光辐射是 X 射线光谱分析的依据。如果入射光子的能量被吸收，却没有激发出光电子，那么其能量只是转变为物质中分子的热振动能，以热的形式成为物质的内能。

综上所述，X 射线的主要物质性质及其穿过物质时的物理作用可以概括地用图 1.12 表示。

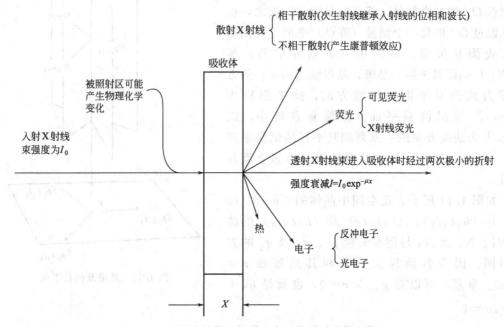

图 1.12 X 射线的物理性质和穿过物质时的物理作用

1.2.2 连续 X 射线谱

测量 X 射线管中发出的 X 射线的波长及其对应的强度，并将它们标绘在"强度-波长"坐标中，得到的 X 射线强度随波长变化的曲线就是 X 射线谱。X 射线有两种不同的波谱：连续 X 射线谱和特征 X 射线谱。

连续 X 射线谱由波长连续变化的 X 射线构成，它和白光相似，是多种波长的混合体。如图 1.13 所示的曲线是管电流恒定，管电压从 5kV 逐渐增加至 25kV 钼靶 X 射线管中发出的 X 射线谱。由图 1.13 可见，每条曲线都有一强度最大值和一个波长极限值（称短波限，用 λ_0 表示）。

λ_0 为短波限（nm），由公式 $eV = h\nu_{max} = \dfrac{hc}{\lambda_0}$，得：$\lambda_0 = \dfrac{hc}{eV} = \dfrac{12.4 \times 10^2}{V}$，此式为短波限 λ_0 与管电压 V 之间的关系式。短波限 λ_0 只与管电压有关，而与阳极靶材料无关。

$$X 射线管的效率 \ \eta = \frac{连续 X 射线总强度}{X 射线管功率} = \frac{KiZV^2}{iV} = KZV \qquad (1.10)$$

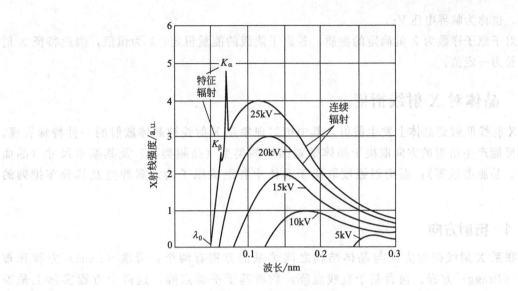

图 1.13　连续 X 射线谱

由式（1.10）可知，随着原子序数 Z 的增加，X 射线管的效率提高。

1.2.3　特征 X 射线谱

在 Mo 阳极 X 射线连续谱中，当电压高于某临界值时，发现在连续谱的某波长处
（0.063nm 和 0.071nm）突然出现窄而尖锐的强度峰，如图 1.14 所示。改变管电流、管电
压的大小，强度按 n 次方的规律增大，而峰位所对应的波长不变，即波长只与靶的原子序
数有关，与电压无关。因这种强度峰的波长反映了物质的原子序数特征，故称为特征 X 射
线；由特征 X 射线构成的 X 射线谱叫特征 X 射线谱，而产生特征 X 射线的最低电压叫激发

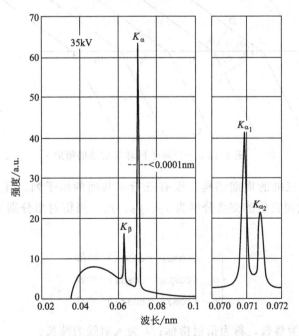

图 1.14　35kV 的 Mo 阳极特征 X 射线谱

电压，也称为临界电压 V_k。

对于原子序数为 Z 的确定的物质，各原子能级的能量恒定，λ 为恒值，因此特征 X 射线波长为一定值。

1.3 晶体对 X 射线衍射

X 射线照射到晶体上发生散射，其中衍射现象是 X 射线被晶体散射的一种特殊表现。晶体可能产生衍射的方向取决于晶体微观结构的类型（晶胞类型）及其基本尺寸（晶面间距、晶胞参数等）；而衍射强度取决于晶体中各组成原子的元素种类及其分布排列的坐标。

1.3.1 衍射方向

联系 X 射线衍射方向与晶体结构之间关系的方程有两个：劳埃（Laue）方程和布拉格（Bragg）方程。前者基于直线点阵，后者基于平面点阵，这两个方程实际上是等效的。

1.3.1.1 劳埃（Laue）方程

首先考虑一行周期为 α_0 的原子列对入射 X 射线的衍射。如图 1.15 所示（忽略原子的大小），当入射角为 α_0 时，在 α_h 角处观测散射线的叠加强度。相距为 α_0 的两个原子散射的 X 射线光程差为 $\alpha_0 (cos\alpha_h - cos\alpha_0)$，当光程差为零或等于波长的整数倍时，散射波的波峰和波谷分别互相叠加而使强度达到极大值。光程差为零时，干涉最强，此时入射角 α_0 等于出射角，衍射称为零级衍射。

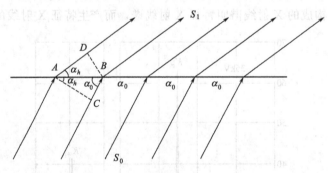

图 1.15　一行原子列对 X 射线的衍射

晶体结构是一种三维的周期结构，设有三行不共面的原子列，其周期大小分别为 a_0、b_0、c_0，入射 X 射线同它们的交角分别为 α_0、β_0、γ_0，当衍射角分别为 α_h、β_k、γ_l，则必定满足下列的条件：

$$\begin{cases} a_0 (cos\alpha_h - cos\alpha_0) = h\lambda \\ b_0 (cos\beta_k - cos\beta_0) = k\lambda \\ c_0 (cos\gamma_l - cos\gamma_0) = l\lambda \end{cases} \qquad (1.11)$$

式中，h、k、l 为整数，称为衍射指标；λ 为入射线的波长。

式（1.11）是晶体产生 X 射线的条件，称为劳埃方程。

1.3.1.2 布拉格（Bragg）方程

晶体的空间点阵可划分为一组平行且等间距的平面点阵（hkl），亦称为晶面。对于每个晶面散射波的最大干涉强度的条件应该是：入射角和散射角的大小相等，且入射线、散射线和平面法线三者在同一平面内，如图 1.16（a）所示，因为在此条件下光程都是一样的，图中入射线 s_0 在 P、Q、R 处的相位相同，而散射线 s 在 P'、Q'、R' 处仍是同相，这是产生衍射的必要条件。

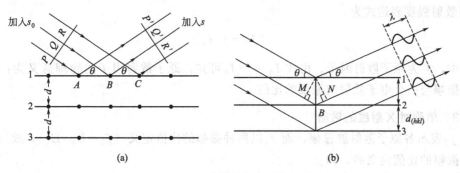

图 1.16　布拉格方程的推引

现在考虑相邻晶面产生衍射的条件。如图 1.16（b）所示的晶面 1，2，3，…，间距为 $d_{(hkl)}$，相邻两个晶面上的入射线和散射线的光程差为：$MB+BN$，而 $MB+BN=2d_{(hkl)}\sin\theta_n$，即光程差为 $2d_{(hkl)}\sin\theta_n$。当光程差为波长 λ 的整数倍时，相干散射波就能互相加强从而产生衍射。由此得到晶面族产生衍射的条件为：

$$2d_{(hkl)}\sin\theta_n=n\lambda \tag{1.12}$$

这就是布拉格方程，晶体学中最基本的方程之一。

式中，n 为 $1,2,3$ 等整数；θ_n 为相应某一 n 值的衍射角；n 为衍射级数。

1.3.2 衍射强度

劳埃方程和布拉格方程只是确定了衍射方向与晶体结构基本周期的关系，而 X 射线对于晶体的衍射强度则取决于晶体中原子的元素种类及其排列分布的位置和诸多其他因素。

1.3.2.1 一个电子对 X 射线的衍射

汤姆逊给出了强度为 I_0 的非偏振 X 射线照射晶体中一个电荷为 e、质量为 m 的电子时，在距离电子 R 处，与偏振方向成 φ 角处的强度 I_e 为：

$$I_e=I_0\frac{e^4}{16\pi^2\varepsilon^2R^2m^2c^4}\left(\frac{1+\cos^2 2\theta}{2}\right) \tag{1.13}$$

式中，$\dfrac{1+\cos^2 2\theta}{2}$ 为偏振因子或极化因子。

1.3.2.2 一个原子对 X 射线的散射

一个原子对入射 X 射线的散射是原子中各电子散射波互相干涉的结果。一个原子包含 Z 个电子（Z 为原子序数），一个原子对 X 射线的散射可看成 Z 个电子散射的叠加。

若电子散射波间无相位差（即原子中 Z 个电子集中在一点），则原子散射波振幅 E_a 即为单电子散射波振幅 E_e 的 Z 倍，即 $E_a=ZE_e$。又因 $I_a=E_a^2$，所以

$$I_a = Z^2 I_e \tag{1.14}$$

实际原子中的电子分布在核外各电子层上，电子散射波间存在位相差，若入射角为 θ，任意两电子同方向散射线间位相差 $\phi = \dfrac{2\pi}{\lambda}\delta$，且 ϕ 随 2θ 增加而增加。

考虑一般情况并比照式 $I_e = I_0 \dfrac{e^4}{16\pi^2 \varepsilon^2 R^2 m^2 c^4}\left(\dfrac{1+\cos^2 2\theta}{2}\right)$，引入原子散射因子 $f = E_a/E_e$，则散射强度表达式为：

$$I_a = f^2 I_e \tag{1.15}$$

式中，f 为原子散射因子。由式 $I_a = f^2 I_e$ 可知，原子散射因子的物理意义为：原子的散射波振幅与一个电子散射波振幅的比值。

1.3.2.3 单胞对 X 射线的散射

用 f_j 表示各原子散射波振幅，而 f_j 以两种振幅的比值定义（$f_j = E_{aj}/E_e$），故 $|F|$ 也是以两种振幅的比值定义的，即：

$$|F| = E_b/E_e \tag{1.16}$$

式中，E_b 为晶胞散射波振幅。按照 $E_b^2 = I_b$、$E_e^2 = I_e$，则：

$$I_b = |F|^2 I_e \tag{1.17}$$

式（1.17）为晶胞衍射波强度表达式，晶胞衍射波 F 称为结构因子，其振幅 $|F|$ 称为结构振幅。

结构因子的含义：

(1) F 值仅与晶胞所含原子数及原子位置有关，而与晶胞形状无关。

(2) 晶胞内原子种类不同，则 F 的计算结果不同。

(3) 计算 F 时：$e^{n\pi i} = (-1)^n$。

1.3.2.4 系统消光与衍射的充分必要条件

由式 $I_b = |F|^2 I_e$ 可知：

若 $|F|^2 = 0$，则 $(I_b)_{hkl} = 0$，即该晶面衍射线消失；把因 $|F|^2 = 0$ 而使衍射线消失的现象称为系统消光。

故产生衍射的必要条件为：（衍射矢量方程）$+ |F|^2 \neq 0$ \hfill (1.18)

消光分为点阵消光和结构消光。点阵消光是指取决于晶胞中原子位置而导致 $|F|^2 = 0$ 的现象；结构消光则是在点阵消光的基础上，因结构基元内原子位置不同而进一步产生的附加消光现象。如：实际晶体中，位于点阵上的结构基元由不同原子组成，其结构基元内各原子的散射波间相互干涉也可能产生 $|F|^2 = 0$ 的现象。表 1.2 给出反射线消光规律。

表 1.2 反射线消光规律

布拉菲点阵类型	存在的谱线指数 h,k,l	不存在的谱线指数 h,k,l
简单点阵	全部	无
底心点阵	k 及 h 全奇或全偶，$h+k$ 为偶数	$h+k$ 为奇数
体心点阵	$h+k+l$ 为偶数	$h+k+l$ 为奇数
面心点阵	h、k、l 为同性数	h、k、l 为异性数

1.3.2.5　小晶体散射与衍射积分强度

小晶体即多晶体中的晶粒或亚晶粒。

若小晶体由 N 个晶胞构成，已知晶胞的衍射强度 $(h，k，l)$ 晶面

$$I_{hkl} = |F_{hkl}|^2 \times I_e \tag{1.19}$$

设小晶体体积为 V_c，晶胞体积为 $V_胞$，则 $N = V_c/V_胞$。

N 个晶胞的 $(h，k，l)$ 晶面衍射的叠加强度为：$I_e(V_c/V_胞)^2|F_{hkl}|^2$。

考虑到实际晶体结构与理想状况的差别，乘以一个因子 $[(\lambda^3/V_c)(1/\sin2\theta)]$，则小晶体的衍射积分强度为：

$$I_m = I_e\left(\frac{\lambda^3}{V_c} \times \frac{1}{\sin2\theta}\right)\left(\frac{V_c}{V_胞}\right)^2|F_{hkl}|^2 = I_e|F_{hkl}|^2 \times \frac{\lambda^3}{V_胞^2} \times V_c \times \frac{1}{\sin2\theta} \tag{1.20}$$

1.3.2.6　多晶体衍射积分强度

一个晶粒的衍射积分强度若乘以多晶体中实际参与 $(h，k，l)$ 衍射的晶粒数 Δq，即可得多晶体的 $(h，k，l)$ 衍射积分强度。多晶体衍射积分强度 $(I_多)$：

$$I_多 = I_e\frac{\lambda^3}{V_胞^2}|F_{hkl}|^2\frac{1}{4\sin\theta} \tag{1.21}$$

式中，V 为样品被照射体积，$V = V_c\Delta q$。

1.3.2.7　影响衍射强度的其他因素

（1）多重性因素：在晶体中，同一 $\{HKL\}$ 晶面族中包含了许多等同晶面，它们具有相同晶面间距，这些等同晶面在衍射时会同样满足条件产生衍射。等同晶面数目不同，在衍射时参与衍射的晶面数就不一样。

（2）吸收因素：试样是有一定尺寸的，当衍射线穿越试样时，会被试样吸收，吸收程度取决于穿越路程的长短和试样线吸收系数 μ 的大小，吸收将随衍射束 θ 角大小而异。θ 角越小，吸收越强烈；θ 角越大，吸收越少。

（3）温度因素：温度越高，原子的热振动幅度越大。原子因振动而偏离平衡位置就会偏离衍射条件，必然影响衍射强度。温度越高，对衍射强度的影响越大，强度降低越多，一定温度下，θ 越大强度降低越大。

1.3.3　X射线辐射防护

X射线能对人体组织造成伤害。人体受 X射线辐射损伤的程度与受辐射的量和部位有关，眼睛和头部较易受伤害。衍射分析用的 X射线比医用 X射线波长更长，穿透弱，吸收强，故危害更大。所以，每个实验人员都必须牢记：对 X射线要注意防护。

1.4　X射线衍射仪

X射线（多晶体）衍射仪是以特征 X射线照射多晶体样品，并以辐射探测器记录衍射信息的衍射实验装置（图1.17）。衍射仪主要由以下四个基本部分组成：

（1）X射线发生系统：产生 X射线的装置；

(2) 测角仪：测量角度 2θ 的装置；

(3) X 射线探测器：测量 X 射线强度的计数装置；

(4) X 射线系统控制装置：数据采集系统和各种电气系统、保护系统。

(a) 日本理学Ultima IV型X射线衍射仪　　　　(b) 中国丹东浩元仪器有限公司DX-2700型X射线衍射仪

图 1.17　X 射线衍射仪外观

在通常的材料分析研究中，最为常见的 X 射线衍射方法是粉末多晶法，粉末多晶法又分为照相法和衍射仪法。X 射线衍射仪是以布拉格实验装置为原型，成像原理（厄瓦尔德图解）与照相法相同，但获得的是衍射图。衍射仪法以其方便、快速、准确和可以自动进行数据处理，尤其是与计算机相结合等特点，成为晶体结构分析等工作中的主要方法。

1.4.1　X 射线发生器

X 射线多晶衍射仪的 X 射线发生器由 X 射线管、高压发生器、管压和管流稳定电路以及各种保护电路等部分组成。

现代衍射用的 X 射线管有密封式和转靶式两种。X 射线管实质上是一个真空二极管，其原理见图 1.18。给阴极加上一定的电流被加热时，便能放出热辐射电子。在数万伏特高压电场的作用下，这些电子被加速并轰击阳极。阳极又称为靶，是使电子突然减速和发射 X 射线的地方。

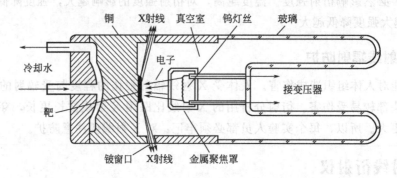

图 1.18　X 射线管原理

X 射线管的工作电压（管压）和阳极电流（管流）均有稳定电路控制的作用，以保持 X 射线强度高度稳定。管电压和管电流的控制多采用"二次侧检测，一次侧控制"方式。

X 射线发生器配置的安全保护电路：

（1）冷却水保护电路：冷却水流量不足时，将自动断开 X 射线发生器的电源，以免 X 射线管受到损坏。

（2）功率过载保护电路：当管子的运行功率超过设定值时，自动切断 X 射线发生器的电源。

（3）过电压和过电流保护电路：当管压管流发生异常时，自动切断 X 射线发生器的电源。

（4）防辐射保护电路：门连锁机构。

（5）报警：当上列的保护电路起作用时，将发出相应提示。

1.4.2　测角仪

测角仪是衍射仪上最精密的机械部件，用来精确测量衍射角，其原理见图 1.19。在衍射测量时，试样绕测角仪中心轴转动，不断地改变入射线与试样表面的夹角 θ，计数器沿测角仪圆运动，接收各衍射角 2θ 所对应的衍射强度。测角仪的扫描范围：正向可达 165°；负向可达 −100°，角测量的绝对精度可达 0.01°，重复精度可达 0.001°。

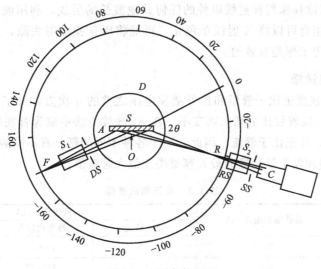

图 1.19　测角仪原理

测角仪的衍射几何按着 Bragg-Brentano 聚焦原理设计的，因此沿测角仪圆移动的计数器只能逐个地对衍射线进行测量；根据聚焦条件要求，试样表面应永远保持与聚焦圆相同的曲面，由此可见，粉末多晶体衍射仪所探测的始终是与试样表面平行的那些衍射面。

1.4.3　X 射线探测仪

探测器被用来记录衍射谱，计数器的探测器是通过电子电路直接记录衍射的光子数。计数器的主要功能是将 X 射线光子的能量转化成电脉冲信号。通常用于 X 射线衍射仪的辐射探测器有正比计数器、闪烁计数器和位敏正比探测器。

闪烁计数管是各种晶体 X 射线衍射工作中通用性最好的检测器。它的主要优点：对于晶体 X 射线衍射工作使用的各种 X 射线波长，均具有很高的以至 100% 的量子效率；稳定性好，使用寿命长；具有很短的分辨时间（10^{-7}s级）；对晶体衍射用的软X射线也有一定的能量分辨能力。

位敏正比计数器是一种高速测量的计数器。它适用于高速记录衍射花样，测量瞬时变化的研究对象，测量那些易于随时间而变的不稳定试样和容易受X射线照射而损伤的试样，测量那些微量试样和强度弱的衍射信息。

1.4.4 测量方式和实验参数的选择

1.4.4.1 X射线波长的选择

选择适用的X射线波长（选择阳极靶材）是进行X射线衍射实验首先考虑的问题。实验采用哪种靶的X射线管，要根据被测样品的元素组成而定。选靶的原则是：避免使用能被样品强烈吸收的波长，增高衍射图的背景。根据元素吸收性质的规律，选靶的规则是：X射线管靶材的原子序数要比样品中最轻元素的原子序数小或相等，最多不宜大于1。

1.4.4.2 X射线的单色方法选择

X射线单色化和背底的消除对于微小峰的检测是一项重要的测试技术。正确选择滤波片可大量吸收掉 K_β 辐射，使 K_β 变成一个很小的峰，其强度大致为同一衍射面 K_α 强度的 1/100。单色器可以除掉除特征射线以外的任何其他波长的射线，利用波长分辨率高的探测器和波高分析器的组合可以将X射线单色化，可能将康普顿散射去除，对于测定轻元素非晶的径向分布函数等工作是有效的。

1.4.4.3 管压管流选择

特征X射线的强度正比于管压和最低激发电压之差的 n 次方，又正比于管流。管压小时 n 值接近于 2，且随着管压的增加而变小。在 K_β 滤波方法中成为背底的连续X射线强度正比于管压的平方，且正比于管流。因此，对于各种不同的靶，有不同的最佳管压值，见表1.3。根据靶的种类和发生器装置的最大容量决定最大管流值。

表1.3 电压电流选择

靶	最低激发电压/kV	最佳管压/kV		
		强度最大	峰背比最大	常用值
Mo	20.0	60	45~55	55
Cu	8.86	45~55	25~35	40
Co	7.71	35~50	25~35	35
Fe	7.10	35~45	25~35	35
Cr	5.98	30~40	20~30	30

1.4.4.4 扫描参数选择

衍射仪扫描方式有连续扫描和步进扫描两种方法。

（1）定速连续扫描：试样和探测器均按 1∶2 的角速度比以固定速度转动。在转动过程中，检测器连续地测量X射线的散射强度，各晶面的衍射线依次被接收。现代衍射仪均采用步进电机来驱动测角仪转动。连续扫描的优点是工作效率高。

（2）定时步进扫描：试样每转动一定的 $\Delta\theta$ 就停止，然后测量记录系统开始工作，测量一个固定时间内的总计数，并将此总计数与此时的 2θ 角记录下来。然后试样再转动一定的步径后再进行测量。如此一步步进行下去，完成衍射图的扫描。

（3）步长的选择：用计算机进行衍射数据采集时，可选定速连续扫描方式，也可以选定时步进扫描方式。

衍射仪的工作条件对仪器 2θ 分辨能力和衍射强度产生影响。一般使用 $0.1\sim0.2\text{mm}$ 宽的接收狭缝，扫描速度 $1°/\text{min}$（2θ）和时间常数 1s，已能得到很好分辨率的衍射图了，所费用时间也不算太多。

1.4.4.5　DX-2700 型 X 射线衍射仪操作实例

（1）开机前检查实验室电源等环境条件后开机总电源，再开冷却水。

（2）打开与衍射仪相连的电脑，并打开其软件。

（3）设置参数：起始角度、扫描方式、电压等。

（4）装样品：按照规定的方式将需要测试的样品装好，关好仪器的防辐射铅门。

（5）点击开始测量。

（6）听到"叮"的一声表示仪器测完，将数据保存，再换需要测试的样品，按照上面的步骤进行。试样测量完后，关闭测量程序窗口，关电脑、电源和冷却水。

（7）数据分析：利用该软件的专用软件进行数据分析。

1.5　粉末衍射方法应用

晶体的 X 射线衍射图谱实质上是对晶体微观结构的一种精细复杂的形象变换，大多数固态物质（以及某些液体）都是晶态或者准晶态物质，它们常以细小晶粒聚集体形式存在，易得到它们的粉末状样品，所以多晶物质的 X 射线衍射分析法的应用非常广泛，包括物相分析、晶胞参数的精确测定及应用和衍射强度分析数据的应用。

1.5.1　物相分析

1.5.1.1　X 射线衍射方法的依据

每种晶体结构与其 X 射线衍射图之间有着一一对应的关系，任何一种晶态物质都有自己独特的 X 射线衍射图，而且不会因为与其他物质混合在一起而发生变化，这就是 X 射线衍射法进行物相分析的依据。

由 Bragg 方程知道，晶体的每一组衍射都必然和一组间距为 d 的晶面组相联系：$2d\sin\theta=n\lambda$。某晶体的每一衍射的强度 I 与结构因子 F 模量的平方成正比：$I=I_0K|F|^2V$。

式中，I_0 为单位截面积上入射线的功率；V 为参与衍射晶体的体积；K 为比例系数，与诸多因素有关。

d 和 $|F|^2$ 都是由晶体结构所决定的，$|F|^2$ 是晶胞内原子坐标的函数，决定了衍射的强度，d 决定了衍射的方向，因此每种物质都有其特有的衍射图谱。

1.5.1.2　物相定性鉴定

任何结晶物质都具有特定的晶体结构类型、晶胞大小，晶胞中的原子、离子或分子数目，以及它们所在的位置，因此能给出特定的多晶体衍射花样。每种相的各衍射线条的 d 值和相对强度（I/I_1）不变，这就是能用各种衍射方法做物相定性分析（物相鉴定）的基础。

通常只要辨认出样品的粉末衍射图谱分别与哪些已知晶体的粉末衍射图相关，就可判定该样品是由哪些晶体混合组成的。这里的"相关"包括两层含义：

（1）样品的图中能找到组成物相对应出现的衍射峰，而且实验的 d 值和相对应的已知 d 值在实验误差范围内一致。

（2）各衍射线相对强度顺序在原则上也应该是一致的。

显然，实现这一原理的应用，需要积累大量的各种已知化合物的衍射图数据资料作为参考标准，还要有一套实用的查找对比方法，才能迅速完成未知物衍射图的辨认和解释，得出其物相组成的鉴定结论。现在，内容最丰富、规模最庞大的多晶衍射数据库是由 JCPDS 编纂的《粉末衍射卡片集》（PDF）。

现在可以使用计算机进行 PDF 卡检索，自动解释样品的粉末衍射数据。在用计算机解释衍射图时，对 d-I 数据质量的要求更为严格，计算机的应用只能帮助人们节省查对 PDF 卡的时间，给人们提供一些可供考虑的答案，正式的结论必须由分析者根据各种数据资料加以核定才能得出。

定性分析工作分为：①实验获得待检测物质的衍射数据；②数据观测与分析；③检索和匹配；④最后判断。多晶 X 射线衍射物相鉴定方法原理简单，容易掌握，是一种非破坏性分析，不消耗样品。

1.5.2 晶胞参数的精确测定及其应用

1.5.2.1 晶胞参数的精确测定

晶胞参数需由已知指标的晶面间距来计算，要精确测定晶胞参数，先要对晶面间距中的系统误差进行分析。晶面间距 d 的测定准确取决于衍射角的测定准确度，可分为两方面讨论。

（1）衍射角测定中的相对误差　衍射角的测量误差 $\Delta\theta$ 与 d 值误差 Δd 的关系由微分 Bragg 方程可以得到：

$$\frac{\Delta d}{d} = -\Delta\theta\cot\theta \tag{1.22}$$

这个重要的关系式给出了 d 值的相对测定误差和 θ 的关系。无论是为了精确测定晶胞参数或者是为了比较结构参数的差异或变化，原则上应该尽可能使用高角度衍射线的数据。

（2）衍射角测定中的系统误差　有几个方面的来源：①物理因素带来的，如 X 射线折射的影响等；②测量方法的几何因素产生的。前者仅在极高精确度的测定中才需要考虑，后者引入的误差则是精确测定时必须进行校正的。

（3）精确测定晶胞参数的方法　为了精确测定晶胞参数，必须得到精确的衍射角数据，衍射角测量的系统误差很复杂，通常用下述两种方法进行处理。

①用标准物质进行校正。用可作为"标准"的物质掺入被测样品中制成试片，应用它已知的精确衍射角数据和测量得到的实验数据进行比较，便可求得扫描范围内不同衍射角区域中的 2θ 校正值。

②精心的实验测量辅以适当的数据处理方法。要取得尽可能高精确度的衍射角数据，先需要特别精细的实验技术，把使用特别精密、经过精细测量校验过的仪器和特别精确的实验条件结合起来。在此基础上辅以适当的数据处理方法进一步提高数据的准确性。

修正晶胞参数的方法：假定实验测量的系统误差已经为零，那么从实验的任意晶面间距数据求得的同一个晶胞参数值在实验测量误差范围内应该是相同的。

1.5.2.2 精确晶胞参数数据的应用

精确的晶胞参数数据有很多重要的应用，如固溶体类型的研究、固溶体成分的测定、固溶度的测定、金属材料中宏观应力的测量和测定有关的晶体性质数据等。

金属材料中的应力分为宏观应力和两种微观应力。这三种应力对应于材料晶体结构三种情况的畸变，这些畸变能分别对 X 射线衍射线产生线条位移、线条宽化和线条强度降低 3 种效应，因此可以利用 X 射线衍射方法来测量金属材料中的各种应力。由于 X 射线只有一定的穿透能力，因此用此法测定的应变实质上只能反映材料中接近表面部分的情况。

1.5.3 薄膜分析中常用的 X 射线方法

主要有低角度 X 射线散射和衍射、掠入射 X 射线衍射、粉末衍射仪和薄膜衍射仪、双晶衍射仪和多重晶衍射仪。

低角度 X 射线散射和衍射：低角度 X 射线散射（LAXS），又称小角度 X 射线散射（SAXS），主要用于微粒和多孔材料的分析，成为测定等同周期、折射指数、反射率、平均成分和厚度涨落的有力工具。

1.6 实例

利用 X 射线衍射仪可以测得粉末或者块体样品的衍射图谱，必须对图谱进行分析才能获得有用的信息。传统的方法是通过人工对照 PDF 卡片，来寻找图谱中三强线或五强线对应的 PDF 卡片来分析物相。随着计算机软件的发展，目前这一工作完全由电脑软件所取代。常用的 X 射线衍射图谱分析软件有 MDI（材料数据公司）的 JADE 和日本理学 XRD 自带的 PDXL 等，这些软件都可以实现物相检索、图谱拟合、结构精修以及晶粒大小和微观应变计算、残余应力计算、物相定量分析。本节以 JADE 软件为例，介绍 XRD 图谱常用的分析方法。

1.6.1 Jade 基本功能

MDI Jade 是一种通用的 X 射线数据处理软件。Jade 目前已经发展至 9.0 和 2010 版本，新版本增加了新功能，简化了部分操作。本节所用版本为 6.5。Jade 软件的基本功能有显示图谱、打印图谱、数据平滑、背景扣除，K_{α_2} 扣除等，其主要功能还有以下几种。

（1）物相检索：可在软件中导入 PDF 卡片库，并建立索引，经软件选择适当条件，从而完成物相检索。

（2）图谱拟合：可按照不同的峰形函数对单峰或全谱拟合，拟合过程是结构精修、晶粒大小、微观应变、残余应力计算等功能的必要步骤。

（3）晶粒大小和微观应变：当材料中无应力时，可较为准确计算出纳米晶粒的尺寸（尺寸小于 100nm），也可以计算微观应变。

（4）残余应力：测量不同 ϕ 角下某 hkl 晶面的单衍射峰，计算残余应力。

（5）物相定量：传统的物相定量，通过 K 值法、内标法和绝热法计算物相在多相混合物中的质量分数和体积分数。

（6）晶胞精修：可实现对样品中相的晶胞参数精修，完成点阵常数的精确计算。

（7）全谱拟合精修：基于 Rietveld 方法的全谱拟合结构精修，包括晶体结构、原子坐标、微结构和择优取向的精修；使用或不使用内标的无定形相定量分析。

1.6.2　Jade 的用户界面

用户界面由菜单栏、主工具栏、编辑工具栏、全谱窗口和缩放窗口以及一些边框按钮构成。图 1.20 是进入 Jade 后的用户界面，图中所示为 Fe 粉的衍射图谱。利用工具栏和编辑栏可方便实现图谱的分析，利用边框按钮可改变图谱的显示状态等。

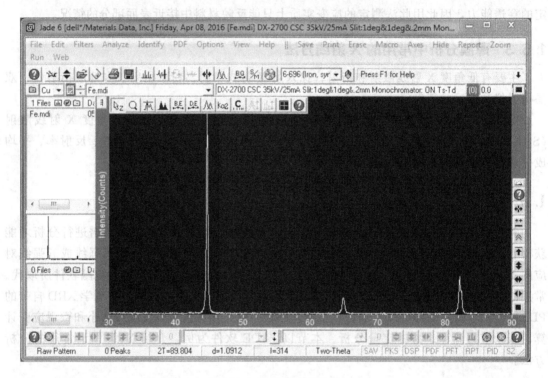

图 1.20　Jade 的用户界面

1.6.3　查看 PDF 卡片

在查看 PDF 卡片前，需要有 PDF 数据库文件，并且导入 Jade 软件中。如果知道某种物相的卡片号，可直接在光盘按钮右方的方框中输入。然后按回车，可显示卡片对应的谱峰。也可以从 PDF 光盘中检索出来，查看某卡片详细信息。具体检索步骤如下：

（1）单击菜单"PDF/Retrievals"命令，弹出图 1.21 所示窗口。

（2）选择检索库：在弹出的窗口中选择合适的子数据库，如 Inorganics 等。如果一个子库中没有，可以换一个子库检索。

随后，单击工具栏中按钮；在弹出的小窗口中会显示元素周期表，选择所需的元素组合，即可按元素进行检索（图 1.22）。

检索完成后，会弹出检索出的物相列表，如图 1.23 所示。双击要查看的物相，即可弹出 PDF 卡片信息，如图 1.24 所示。

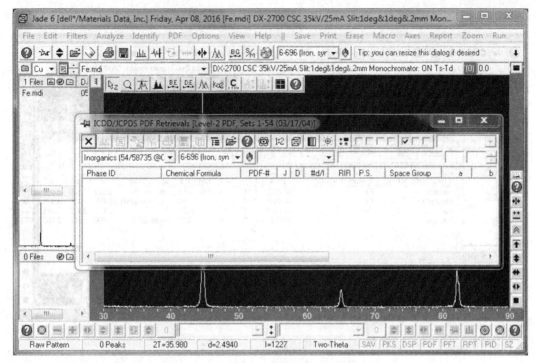

图 1.21　PDF 光盘检索窗口

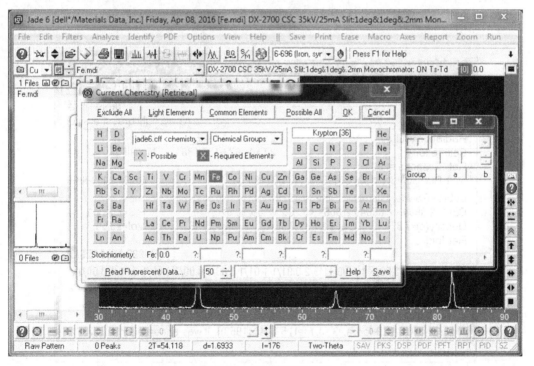

图 1.22　按元素进行检索

　　PDF 卡片全称为粉末衍射文件（powder diffraction file，PDF），图 1.24 中的 PDF 包括以下 6 栏数据。

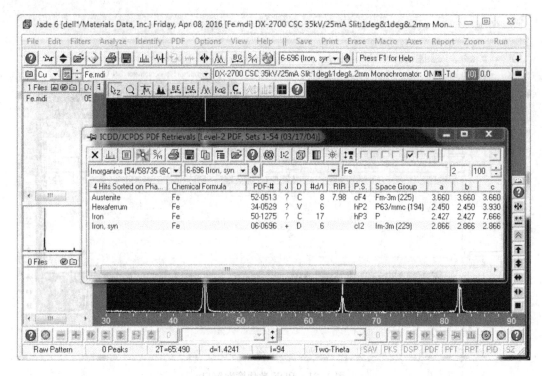

图 1.23　物相显示

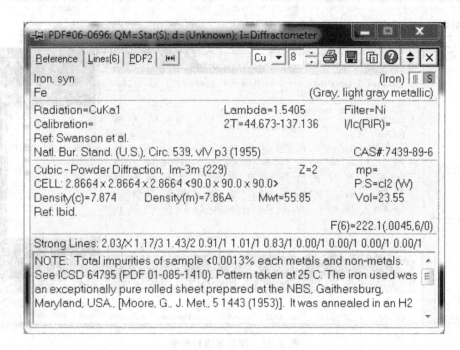

图 1.24　PDF 卡片信息

　　（1）卡片号和数据来源。卡片号由组号（01～99）和组内编号（0001～9999）组成，如图 1.24 中为 06-0696。数据来源是指卡片数据是由实验测得还是通过计算得来的。卡片的可靠程度用一个符号或字符表示。"*"表示最高可靠性；"i"表示重新检查了衍射线强度；"?"表示可能存在疑问；没有标记的说明没有作评价；"D"则表示该卡片已被删除，被删除的原因可能是该卡片的数据不正确或者不精确而有新的卡片代替。

（2）物相的化学组成、化学名称和矿物名称。其中 syn 表示是人工晶体。

（3）测量条件和 RIR 值以及数据引源（Ref＝…）。1～59 组卡片的数据都是实测出来的，这些数据测量时使用的衍射条件被一一列出。除此之外，还有 I/I_0，称为参比强度，这个数据是传统定量分析中需要的一个参数。最后是参考文献，即该卡片的数据引自于什么文献报道。

（4）晶体结构和晶体学数据。包括晶型、晶胞参数、Z 值。

（5）谱峰位置和强度。即该物相衍射谱中谱峰位置和相对强度，如图 1.24 中可点击 Lines（6）或 ▥ 图标。如果谱峰数据较多，通常显示 8 强线信息。

1.6.4 物相定性分析

1.6.4.1 PDF 卡片的检索与匹配

具体的检索匹配过程可以概括为：根据样品情况，给出样品的已知信息或检索条件，从 PDF 数据库中找出满足这些条件的 PDF 卡片并显示出来，然后由检索者根据匹配的好坏确定样品中含有何种卡片对应的物相。

物相检索的步骤如下所述。

（1）给出检索条件。检索条件包括检索子库、样品中一定存在或可能存在的元素等。

① 检索子库：为方便检索，PDF 卡片按物相的种类分为无机物、矿物、合金、陶瓷、水泥、有机物等多个子数据库。检索时，可以按样品的种类，选择在一个或几个子库内检索，以缩小检索范围，提高检索的命中率。

② 样品的元素组成：在做 X 射线衍射实验前应当先检查样品中可能存在的元素种类，在进行 PDF 卡片检索时，选择可能存在的元素，以缩小元素检索范围。

（2）计算机按照给定的检索条件对衍射线位置和强度进行匹配，并自动给出可能的物相，同时按照匹配品质因素（FOM）进行排序。

（3）随后，需要操作者逐一对照列表中各种物相与实测 X 射线谱的匹配情况并作出判断。

（4）观察是否还有衍射峰没有被检测出，如果有，重新设定检索条件，重复上面的步骤，直到全部物相被检出。

人为的判断非常重要，如何判断物相是否存在，可参照如下条件：

① 物相 PDF 卡片衍射峰与所测谱峰的位置应匹配；

② 所测谱峰中各峰的峰强比要与 PDF 卡片的峰强比大致相同；

③ 组成物相的元素必须是样品中已有的。

1.6.4.2 物相定性分析实例

样品是一种 MnBi 合金，需要检索出样品的主要物相，包括 MnBi 及 Bi。实现物相检索的方法较多，可以通过点击 PDF/chemistry，会弹出元素表，选择所需的元素以及可能的子库来检索；也可以通过点击光盘图标，来直接选择元素和子库。同时，也可通过右键单击光盘图标左侧的 ▧ 来检索，详细步骤如下。

（1）右键单击 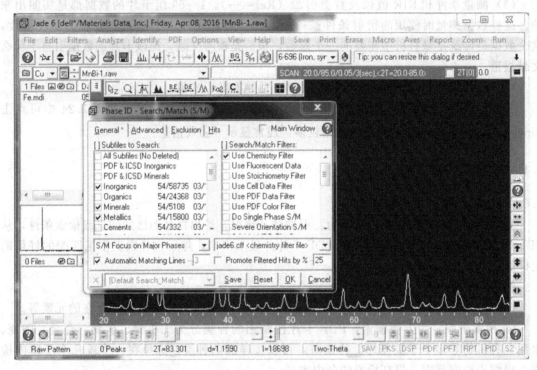 ，会弹出 Search/Match 框，在此框左侧选择所需子库，下方选择 S/M Focuson Major Phases，右侧方框中勾选 Use Chemistry Filter，同时会弹出元素表进行选择，如图 1.25 所示。

图 1.25　S/M 物相检索

（2）此时检索列表中会显示很多与样品元素不相干的物相，根据样品的化学成分和 PDF 卡片一一对照，得知样品的主相应当是 MnBi 和 Bi。在此两相所在行的左边方框中打钩（图 1.26），表示选中了这个物相，关闭这个窗口，返回到主窗口。

这里，应当注意两点：

① 与试验谱对得上的物相可能不止一个，应当选择最可能的物相；

② 所测谱峰峰强较强，则较好找出对应的 PDF 卡片，如 MnBi；而一些含量较小相的谱峰强度则较低，也不易找出 PDF 卡片，如 Bi。

此时也可以通过以下方法来找出谱峰强度较低的相。

（3）按下 按钮，然后在 41°位置上的峰下划过，选择这个峰（图 1.27）。

同样重复以上步骤，选择子数据库，选择元素，只是这次不需要选择匹配何种峰，默认为 Focus on Painted Peaks。在检索出的列表中，会给出多种 Bi 的卡片，它们的晶体结构基本上是相同的。最好选择品质因子高而且有 RIR 值，且卡片较新的。

检索结果如图 1.28 所示。可以通过选择右下方按钮 n 来显示物相种类，通过选择 h 按钮来显示谱峰对应的晶面。并通过 File/Print Setup 来输出或打印报告。

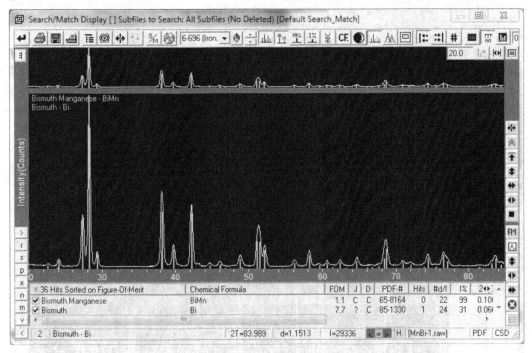

图 1.26 物相选择窗口

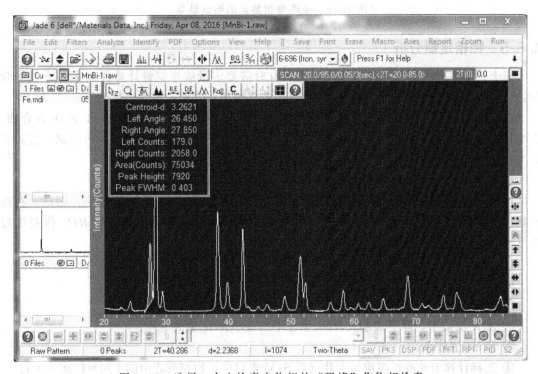

图 1.27 选择一个未检索出物相的"强峰"作物相检索

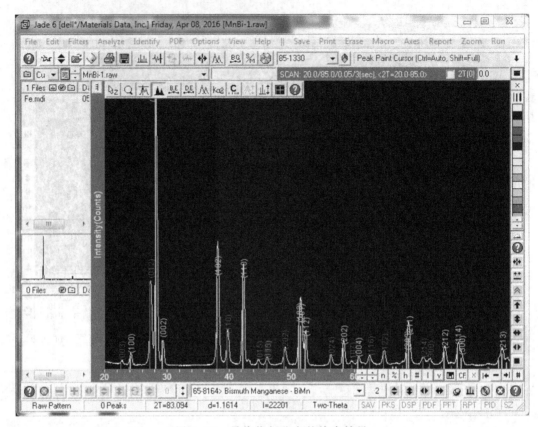

图 1.28　最终物相鉴定的检索结果

1.6.5　物相定量分析

以上为定性分析所测谱峰中的相种类，有时需要定量或半定量计算样品中各个相的含量。同样以 MnBi 合金为例，定量计算出合金中各相相对含量，实验过程如下。

（1）图谱扫描。已经通过元素分析得知，样品为 MiBi。估计是 MiBi 和 Bi 的混合物。实验目的首先是物相鉴定，然后做定量分析。此时，不同于常规分析 XRD 的测试，其需要更为精确的测量。可选择步进扫描，同时设定步长、电压和电流。

（2）物相鉴定。经检索得知样品由两相组成（图 1.28）。

这里需要注意，在检索结果列表窗口一般会显示同一物相的多个 PDF 卡，因此，在选择物相时要选择有 RIR 值（即 K 值）的物相（图 1.29），同时各物相的 RIR 值要尽量接近。

打开 PDF 列表，可以看到 Bi 的 $RIR=23.93$，MnBi 的 $RIR=19.10$。

如果一个物相有多张 PDF 卡片显示，选择 PDF 卡的原则是：

① 有 RIR 值；

② RIR 值适中，即不选最大 RIR 值也不选最小 RIR 值的卡片；

③ FOM 值较小；

④ 选择计算卡片或者高质量卡片（即 S/M 窗口中，物相列表中的 J 列＝C 或 ＝ ＊）。

（3）计算衍射强度和物相含量。首先，要理解什么是物相的衍射强度。任何一个物相都有多个衍射峰，用什么来表示一个物相的衍射强度呢？

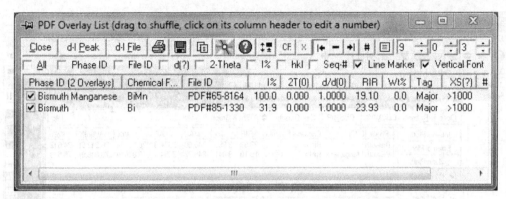

图 1.29　检查所选物相的 PDF 卡片是否带有 *RIR* 值

根据 PDF 卡片上 *K* 值的定义："物相最强峰与刚玉最强峰的积分强度比"。所谓积分强度也就是衍射峰扣除背景后的面积。因此，应当选择物相的最强峰面积作为衍射强度，而不可以任意选择一个峰来作为某物相的衍射强度。根据这一原则，选择两相的最强峰区域的衍射峰进行峰形拟合。

由于紧邻衍射峰的下部分是互相连接的，因此，为了准确地分离出需要的衍射峰，有时必须将不需要的峰也进行拟合（分离），然后再用鼠标右键删除。此时，可以通过菜单命令 Report/Peak Profile Report 观察两个相最强峰的峰面积（Area）。定量计算结果的好坏由拟合误差决定，因此，分峰时应当仔细地做，以求得最小的拟合误差。

此外，如果两种相的峰重叠较少，也可选择全谱拟合。如本例中 MnBi 的衍射峰，详细步骤如下：

① 检索出物相 MnBi 和 Bi，并勾选其对应的 PDF 卡片。

② 对谱峰进行平滑 ⩗、扣背底（尤其是 K_{α_2}） ᴮᴳ；

③ 点击拟合按钮 ⋀，等待拟合完成；

④ 选择菜单命令 Options/Easy Quantitative，打开计算窗口，按下"Calc Wt%"按钮，结果就出现如图 1.30 所示窗口。

计算结果为 n_W（%，质量分数）和 n_V（%，体积分数），前者表示质量分数，后者表示体积分数。计算机中分别以 Wt% 和 Vol% 表示。如果希望以图形表示各相的量，按下"Show Graph"按钮即可。如果在 Wt（n）% 和 Vol（n）% 勾选框前打钩，则同时显示质量分数和体积分数。

（4）有时会出现"Calc Wt%"按钮是灰色的情况，此时可能是衍射峰面积计算误差较大，需要重新分峰；也可能是拟合误差较大，也需要重新拟合；也可能是某个物相 *RIR* 值不确定，需要查找其他卡片，以确定 *RIR* 值。如果 PDF 库中该物相的所有 PDF 卡片上的 *RIR* 值都没有记录，则需要自己测量一个 *RIR* 值。当然，亦可人为估计一个 *RIR* 值，并输入，半定量计算出相对含量。图 1.31 为图形表示的相对含量。

（5）保存结果。

① Save Report：保存计算数据。计算数据以".rir"为扩展名保存。

② Save Graph：保存图片。

③ Copy Graph：将图片复制到剪贴板中。

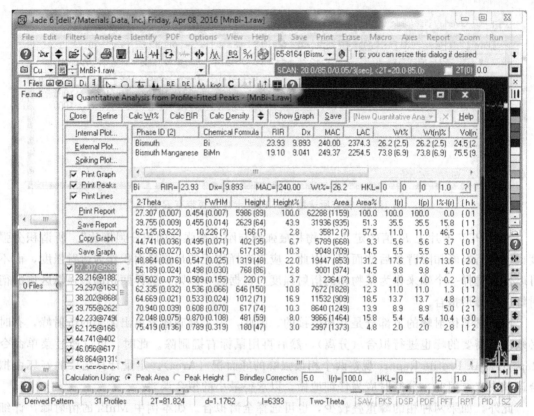

图 1.30　拟合结果

④ Print Report：打印报告。

以上实例具有几个特点：①物相种类不复杂，仅有两个相；②物相衍射峰重叠不多，可以通过分峰来得到每个相最强峰的面积或较好的全谱拟合；③样品中不含有非晶相，而且每个相的 K 值都可以查到。另外，还有一个特点是样品为粉体材料，样品不存在明显的择优取向。

1.6.6　晶粒大小及微观应变的计算

1.6.6.1　计算晶粒尺寸与微观应变的方法

步骤如下：

（1）以与仪器半高宽曲线测量完全相同的实验条件测量样品两个以上的衍射峰，特别要注意不能改变狭缝大小；

（2）读入 Jade，进行物相检索、拟合好较强的峰；

（3）选择菜单 "Report-Size & Strain Plot" 命令，显示计算对话框；

（4）根据样品的实际情况在 "Size Only" "Strain Only" "Size/Strain" 三种情况下选择一种情况；

（5）调整 n 值；

（6）查看仪器半高宽校正曲线是否正确并进行修改；

（7）保存，其中 "Save" 保存当前图片，"Export" 保存文本格式的计算结果。

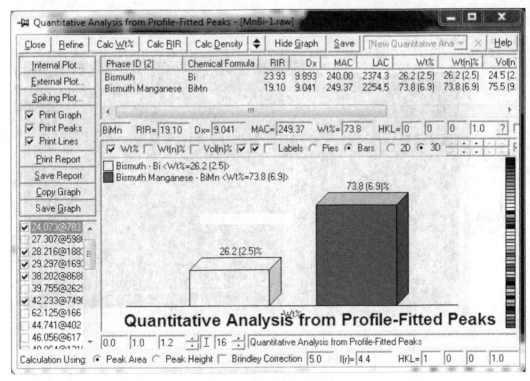

图 1.31　质量分数计算结果

1.6.6.2 实例分析

$Nd_2Fe_{14}B$ 纳米晶粉末晶粒尺寸的计算，实验步骤如下所述。

（1）图谱扫描与物相鉴定。扫描样品，经物相鉴定为 $Nd_2Fe_{14}B$ 化合物。

（2）分峰。选择较强的峰进行拟合。分峰拟合方法，左键点击上方边框按钮 ⋀⋀，然后单击要拟合的峰。这时也可再右键点击拟合图标，会弹出 Profile Fitting 对话框，然后点 Refine 对此单个峰进行处理。拟合时要一个峰一个峰地选择并拟合。最好不要使用"全谱自动拟合"，不要加入很弱的峰。待测样品的拟合分峰如图 1.32 所示。

（3）查看拟合报告。选择菜单"Report-Peak Profile Report"，即出现如图 1.33 所示的对话框。

注意报告中的 FWHM 和 XS（nm）。前者是各个衍射峰的半高宽，单位为度（°），后者是根据衍射峰半高宽扣除仪器宽度后按谢乐公式计算出来的微晶尺寸，单位为 nm，软件默认设置的单位为埃（Å）。

这是假定没有微观应变的条件下计算的微晶尺寸。注意图 1.33 中表格内各个衍射面的微晶尺寸是不相同的。根据这些数据，联合被测样品的晶型，甚至可以绘制出一个晶粒的大小和形状。假设微晶是一个球形粒子，则无论从哪个方向去观察，它的尺寸应当都是球的直径，因此，常称为"粒径"。但是，如果微晶不是一个球形粒子，比如是一个长方体，则各个方向的尺寸是不相同的，当然，这些数据之间存在一定的几何关系。

（4）查看"Size & Strain Plot"。单击图 1.33 中的"Size & Strain Plot"按钮，会出现

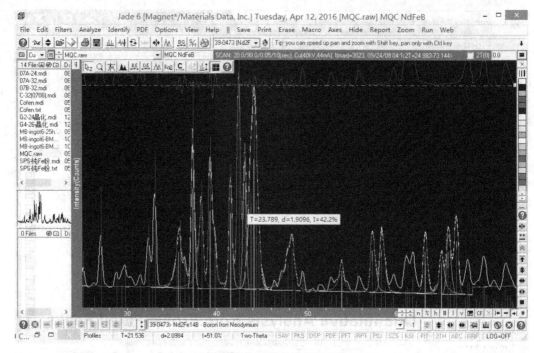

图 1.32 待测样品的拟合分峰

如图 1.34 所示的窗口。

窗口的左下角显示 XS（nm）=200（3），Strain（%）=0。

@ 2-Theta	d(?)	Centroid	Height	Area(a1)	Area%	Shape	Skew	FWHM	Breadth	BG
20.003 (2.641)	4.4352 (?)	20.871	50 (14)	2871 (1125)	8.1	0.000v	-0.761	3.761 (?)	2.871	286
44.102 (0.020)	2.0517 (0.0018)	44.082	1689 (21)	35506 (1087)	100.0	0.019v	0.084	0.983 (0.030)	1.051	226
42.437 (0.013)	2.1283 (0.0013)	42.424	1932 (90)	17714 (1061)	49.9	0.128v	0.129	0.410 (0.020)	0.458	230
43.108 (0.019)	2.0967 (0.0018)	43.077	1156 (86)	9473 (785)	26.7	0.000v	0.316	0.386 (0.018)	0.410	229
41.503 (0.018)	2.1740 (0.0018)	41.516	979 (37)	9596 (439)	27.0	0.200v	-0.128	0.428 (0.015)	0.490	233
38.350 (0.017)	2.3452 (0.0020)	38.256	792 (24)	11641 (512)	32.8	0.834v	0.647	0.511 (0.028)	0.735	240
37.320 (0.014)	2.4075 (0.0017)	37.342	1296 (47)	11417 (511)	32.2	0.000v	-0.208	0.414 (0.013)	0.440	243
35.717 (0.034)	2.5118 (0.0046)	35.832	472 (15)	11656 (639)	32.8	1.000v	-0.519	0.821 (0.062)	1.235	247
48.264 (0.029)	1.8841 (0.0021)	48.038	451 (11)	12685 (472)	35.7	0.522v	0.703	1.099 (0.044)	1.406	216
58.163 (0.035)	1.5848 (0.0018)	58.271	552 (33)	7514 (895)	21.2	0.197v	-0.640	0.599 (0.073)	0.681	191
57.137 (0.037)	1.6108 (0.0019)	57.226	542 (27)	7260 (765)	20.4	0.269v	-0.568	0.573 (0.064)	0.670	194
53.782 (0.040)	1.7030 (0.0023)	53.745	274 (19)	4685 (385)	13.2	1.000v	0.253	0.577 (0.057)	0.855	202
63.027 (0.023)	1.4737 (0.0009)	63.042	547 (24)	6104 (368)	17.2	0.210v	-0.124	0.489 (0.025)	0.558	179
66.481 (0.027)	1.4052 (0.0010)	66.450	689 (92)	7256 (1201)	20.4	0.000v	0.249	0.496 (0.057)	0.527	171
65.567 (0.062)	1.4226 (0.0024)	65.622	552 (140)	6166 (1705)	17.4	0.009v	-0.399	0.525 (0.078)	0.559	173
64.802 (0.041)	1.4375 (0.0016)	64.854	400 (64)	6013 (1124)	16.9	1.000v	-0.394	0.507 (0.114)	0.752	175

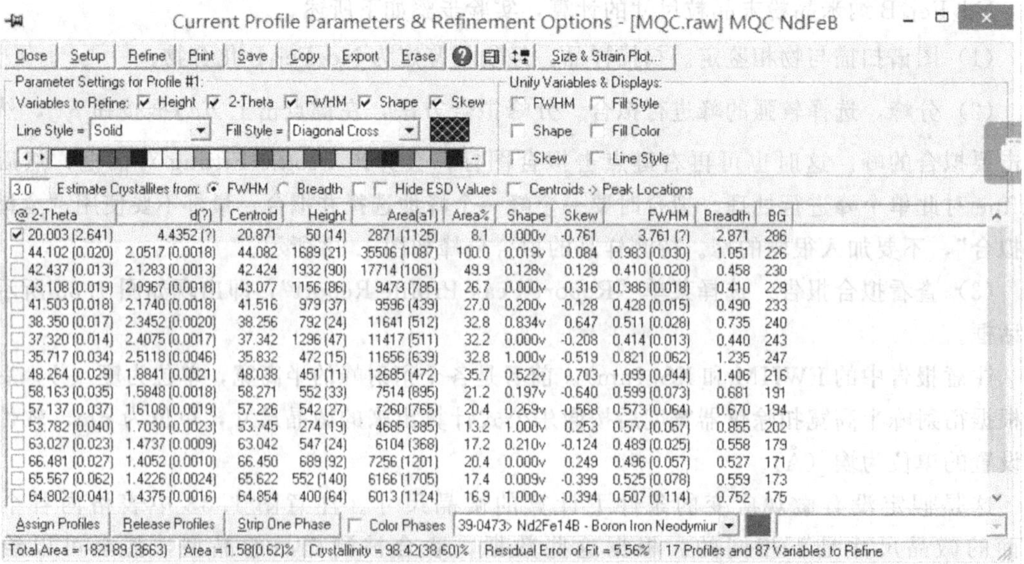

图 1.33 通过拟合报告观察样品的半高宽（FWHM）和晶粒尺寸（XS）

个别的点离开直线较远，有两种可能的原因：一是由于峰形重叠或拟合处理不当造成数据采集误差较大；二是试样本身存在这种微晶尺寸的各向异性。如果是前者则应当删除这些异常点（异常点会以红色表示）。

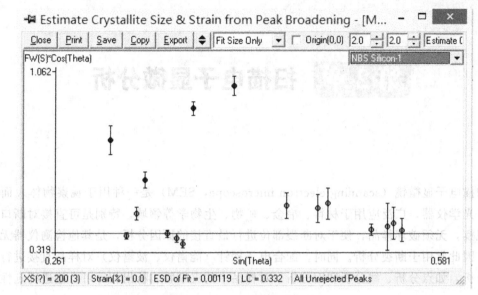

图 1.34 观察各个衍射面的半高宽数据（$\beta\cos\theta$）
随衍射角正弦（$\sin\theta$）的变化规律

◆ 思考题 ◆

1. 晶体结构有哪些具体特点？

2. 十四种布拉菲点阵都有哪些，各有什么特点？

3. 在立方晶系中画出 (110)、(101)、(210) 晶面以及 [110]、[101]、[210] 晶向。

4. 如何理解倒易点阵与正点阵的关系？

5. X 射线照在物体上会产生哪些物理作用？

6. 阐述 X 射线衍射仪的工作原理。

7. 利用粉末 X 射线衍射可以做哪些分析工作？

8. 分析非晶体的 X 射线衍射谱与多晶的 X 射线衍射谱有何不同？

◆ 参考文献 ◆

［1］黄新民，解挺. 材料分析测试方法［M］. 北京：国防工业出版社，2006.

［2］王富耻. 材料现代分析测试方法［M］. 北京：北京理工大学出版社，2006.

［3］管学茂，王庆良，王庆平. 现代材料分析测试技术［M］. 徐州：中国矿业大学出版社，2013.

［4］廖晓玲. 材料现代测试技术［M］. 北京：冶金工业出版社，2010.

［5］黄继武，李周. 多晶材料 X 射线衍射——实验原理、方法与应用［M］. 北京：冶金工业出版社，2012.

［6］郭立伟，朱艳，戴鸿滨. 现代材料分析测试方法［M］. 北京：北京大学出版社，2014.

［7］周玉，武高辉. 材料分析测试技术［M］. 哈尔滨：哈尔滨工业大学出版社，1998.

第2章 扫描电子显微分析

扫描电子显微镜（scanning electron microscope，SEM）是一种用于观察物体表面结构的电子光学仪器，广泛应用于材料、冶金、矿物、生物学等领域，特别是可直接对断口形貌进行观察，无须破坏样品，便于对断裂部位进行最直接的原因分析，是其他检测仪器无法替代的，因此常用于断裂分析。同时，配合电子探针（能谱仪、波谱仪）对样品直接进行微区成分分析，如点分析、线分析和面分析；对样品中的夹杂物、析出相等可直接进行定性、定量分析。

2.1 扫描电子显微镜简介

扫描电子显微镜是近年来获得迅速发展的一种新型电子光学仪器，它的成像原理与光学显微镜、透射电子显微镜不同，不用透镜放大成像，而是用细聚焦电子束在样品表面扫描时激发产生某些物理信号来调制成像。扫描电子显微镜的出现和不断完善弥补了光学显微镜和透射电子显微镜的某些不足（例如景深）。它既可以直接观察大块试样，又具有介于光学显微镜和透射电子显微镜之间的性能指标，可以在观察形貌的同时进行微区的成分分析和结晶学分析。扫描电子显微镜具有样品制备简单、放大倍数连续、调节范围大、景深大、分辨本领比较高等特点，尤其适合于比较粗糙的表面，如金属断口和显微组织三维形态的观察研究等。

场发射电子枪的研制成功，使扫描电子显微镜的分辨本领获得较显著的提高，而且越来越多的附件被安装到扫描电子显微镜中用于获得形貌、成分、晶体结构或位向在内的样品信息，如 X 射线能量色散谱仪（energy dispersive spectrometer，EDS）、电子能量损失谱（electron energy loss spectroscopy，EELS）和电子背散射衍射仪（electron backscatter diffraction system，EBSD）等，以提供样品相关的丰富资料。

2.2 电子束与样品相互作用产生的信号

高能电子束入射样品后，经过多次弹性散射和非弹性散射，其相互作用区内将有多种电子信号与电磁波信号产生（图 2.1）。这些信号包括二次电子、背散射电子、特征 X 射线、俄歇电子等。它们可以从不同侧面反映样品的形貌、结构及成分等微观特征。

2.2.1 二次电子

入射电子与样品相互作用后，使样品原子较外层电子（价带或导带电子）电离产生的电子称为二次电子（secondary electron，SE）。由于原子外层的价电子与原子核的结合能很小

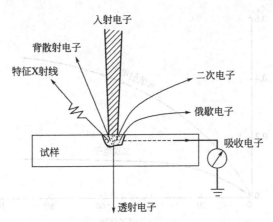

图 2.1 电子束与固体样品相互作用产生的电子信号

（对金属来说，一般在 10eV 左右），而内层电子的结合能与之相比，则高得多（可高达数千电子伏特），所以，相对于内层电子，价电子被电离的概率要大得多，因而在样品表面上方检测到的二次电子绝大部分来自价电子。

二次电子的产生是高能束电子与核外电子相互作用的结果，而且入射电子只将几个电子伏特的能量转移给核外电子，所以二次电子能量较低，一般不超过 50eV，大部分均小于 10eV（图 2.2）。二次电子的一个重要特征是它的取样深度较浅，这是由于二次电子能量很低，只有在接近表面 5～10nm 的二次电子才能逸出表面，成为可接收的信号。

二次电子对样品表面的形貌特征（也就是微区表面相对于入射电子束的方向）十分敏感，但其产额对样品成分的变化相当不敏感，与原子序数间没有明显的依赖关系（图 2.3）。因此，二次电子通常作为研究样品表面形貌最为有用的工具，但是不能进行成分分析。

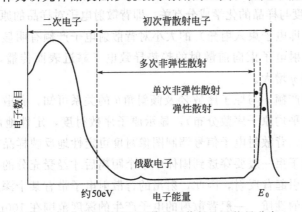

图 2.2 电子束作用下固体样品信号电子能量分布

2.2.2 背散射电子

背散射电子（backscattered electron，BSE）也称初级背散射电子，是指受到固体样品原子的散射之后又被反射回来的部分入射电子。它主要由两部分组成，一部分是被样品表面原子散射，散射角大于 90° 的那些入射电子，称为弹性背散射电子，它们只改变运动方向，本身能量没有或基本没有损失，所以弹性背散射电子能量可达到数千到数万电子伏特，其能量等于或基本等于入射电子的初始能量；另一部分是入射电子在固体中经过一系列散射后最

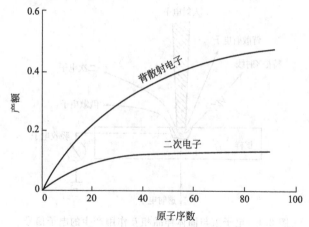

图 2.3　二次电子和背散射电子产额随原子序数的变化（加速电压为 30kV）

终由原子核反弹或由核外电子产生的，散射角累计大于 $90°$，不但方向改变，能量也有不同程度损失的入射电子，称为非弹性背散射电子，其能量大于样品表面逸出功，可从几个电子伏特到接近入射电子的初始能量，由于这部分入射电子遭遇散射的次数不同，所以各自损失的能量也不相同，因此非弹性背散射电子能量分布范围很广，数十至数千电子伏特。从图 2.2 的电子束作用下固体样品信号电子能量分布图可以看出，在扫描电子显微镜中利用的背散射电子信号通常是指能量较高（主要是能量等于或接近入射电子初始能量）的弹性背散射电子。

当电子束垂直入射时，背散射电子的产额通常随样品的原子序数 Z 的增大而增加（图 2.3），尤其在低原子序数区，这种变化更为明显，但其与入射电子的能量关系不大，所以背散射电子信号的强度与样品的化学成分有关，即背散射电子对样品的原子序数十分敏感。

样品的倾斜角（即电子束入射角）的大小对背散射电子产额有明显的影响。因为当样品倾斜角 θ 增大时，入射电子束向前散射的趋势导致电子靠近表面传播，因而背散射机会增加，背散射电子产额 η 增大。

基于背散射电子产额 η 与原子序数 Z 及倾斜角 θ 的关系可知，背散射电子不仅能够反映样品微区成分特征（平均原子序数分布），显示原子序数衬度，定性地用于成分分析，也能反映形貌特征。因此，背散射电子信号调制图像衬度可定性地反映样品微区成分分布及表面形貌。另外，由于电子束一般要穿透到固体中某个距离后才经受充分的弹性散射作用，使其穿行方向发生反转并引起背反射，因此，射出的背散射电子带有某个深度范围的样品性质的信息。根据样品本身的性质，一般背散射的电子产生的深度范围在 $100\text{nm}\sim1\mu m$（图 2.4）。

2.2.3　特征 X 射线

如果入射电子能量足以使一个原子内壳层（如 K 层）电子激发出去（使原子电离），留下一个空位，这时外层的电子会向下跃迁来填充这个空位，内外两壳层的能量差以一个 X 射线光子的形式发射出去，即产生特征 X 射线（characteristic X-ray）（图 2.5）。已知不同原子序数 Z 的元素有不同的电离能，且原子序数大的元素有较大的电离能，所以特征 X 射线被用于扫描电子显微镜和透射电子显微镜中的能谱分析，通过检测特征 X 射线的波长或能量可以分析样品中含有的元素类型。

简单地说，特征 X 射线就是在能级跃迁过程中直接释放的具有特征能量和特征波长的一种电磁波辐射，其能量和波长取决于跃迁前后的能级差，而能级差仅与元素（或原子序数）有关，所以特征 X 射线的能量和波长也仅与产生这一辐射的元素有关，故称为该元素的特征 X 射线。

特征 X 射线的波长和原子序数间的关系服从莫塞莱定律（Moseley's law）：

$$\lambda = K / (Z - \sigma)^2 \qquad (2.1)$$

式中，Z 为原子序数；K、σ 为常数。

根据测定的波长，可确定样品中包含的元素种类。根据图 2.4 可知，特征 X 射线可来自样品较深的区域，产生于样品表层约 $1\mu m$ 的深度范围。

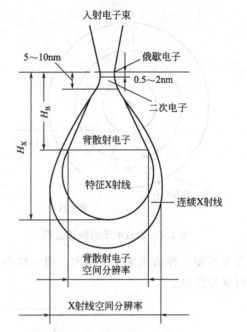

图 2.4 梨形作用体积中各种信息产生的范围

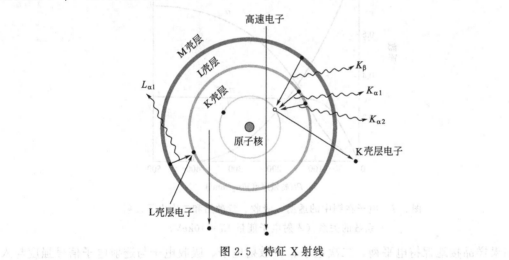

图 2.5 特征 X 射线

2.2.4 俄歇电子

如果入射电子有足够的能量使原子内层电子（如 K 层）激发而产生空位，这时其他外层电子向下跃迁填补空位，跃迁产生的能量差交给另一壳层的电子，使它逸出样品外形成俄歇电子（auger electron）（图 2.6）。俄歇电子的能量与电子所处的壳层有关，因此俄歇电子也能给出元素原子序数信息。俄歇电子对轻元素敏感（X 射线对重元素敏感），其能量很低，一般为 $50\sim1500eV$，随不同元素、不同跃迁类型而异，因此在较深区域中产生的俄歇电子，在向表面运动时，必然会因碰撞而损失能量，使之失去了具有特征能量的特点。因此，用于分析的俄歇信号主要来自样品的表层 $2\sim3$ 个原子层，即表层以下 2nm 以内范围，因此俄歇电子信号适用于表面化学成分分析。利用俄歇电子做表面分析的仪器称为俄歇电子谱仪。

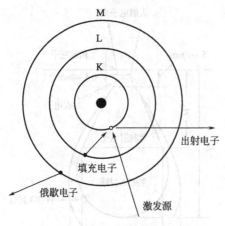

图 2.6 俄歇电子的跃迁过程

除上述信号外，电子与物质相互作用还会产生吸收电子、透射电子、阴极荧光等信号。高能电子入射比较厚的样品后，其中部分入射电子随着与样品中原子核或核外电子发生非弹性散射次数的增多，其能量不断降低，直至耗尽，这部分电子既不能穿透样品，也无力逸出样品，只能留在样品内部，即称为吸收电子；如果样品很薄，其厚度比入射电子的有效穿透深度（或全吸收厚度）小得多，那么将会有相当一部分入射电子穿透样品而成为透射电子。

由图 2.7 中电子在铜中的透射系数 τ、吸收系数 α、背散射系数 η 和二次电子发射系数 δ 的关系可知，样品质量厚度越大，则 τ 越小，而 α 越大，样品 η 和 δ 的和也越大，但达一定值时保持定值。

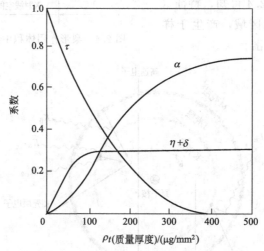

图 2.7 电子在铜中的透射、吸收、背散射和二次电子发射
系数的关系（入射电子能量 $E_0 = 10 \text{keV}$）

如果样品接地保持电平衡，二次电子、背散射电子、吸收电子与透射电子信号强度与入射电子强度之间满足：

$$I_p = I_b + I_s + I_a + I_t \tag{2.2}$$

将上式两边同除以 I_p，得

$$\eta + \delta + \alpha + \tau = 1 \tag{2.3}$$

式中，η 为背散射电子产额；δ 为二次电子产额；α 为吸收电子产额；τ 为透射电子产额。

2.3 扫描电子显微镜的工作原理

图 2.8 是扫描电子显微镜工作原理。在高压作用下，由三级电子枪发射出来的电子束（称为电子源），经聚光镜（磁透镜）会聚成极细的电子束聚集在样品表面上。末级透镜上方

装有扫描线圈，在其作用下，电子束在试样表面扫描。高能电子束与样品物质交互作用，产生二次电子、背散射电子、特征X射线等信号，这些信号分别被相应的接收器接收，经放大器放大后，用来调制荧光屏的亮度。由于经过扫描线圈上的电流与显像管相应的偏转线圈上的电流同步，因此，试样表面任意点发射的信号与显像管荧光屏上相应点的亮度一一对应，显像管荧光屏上的图像就是试样上被扫描区域表面特征的放大像。也就是说，电子束打到试样上一点时，在荧光屏上就有一亮点与之对应。而对于我们所观察的试样表面特征，扫描电子显微镜则是采用逐点成像的图像分解法完成的。采用这种图像分解法，就可用一套线路传送整个试样表面的不同信息。为了按规定顺序检测和传送各像元的信息，必须把聚得很细的电子束在试样表面做逐点逐行扫描，所以扫描电子显微镜的工作原理简单概括，即"光栅扫描，逐点成像"。

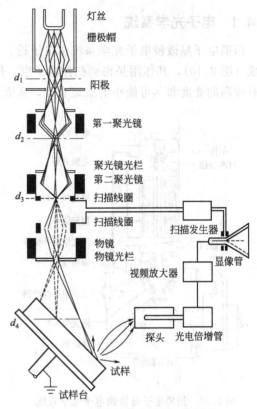

图 2.8　扫描电子显微镜工作原理

2.4　扫描电子显微镜的基本结构

扫描电子显微镜是由电子光学系统，信号收集处理、图像显示和记录系统，真空系统与电源系统组成。图 2.9 为扫描电子显微镜实物图和结构原理。

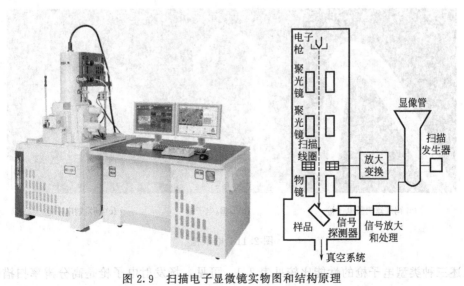

图 2.9　扫描电子显微镜实物图和结构原理

2.4.1 电子光学系统

扫描电子显微镜电子光学系统由电子枪、电磁透镜（光阑）、扫描线圈和样品室等部件构成（图2.10），其作用是得到扫描电子束，作为使样品产生各种信号的激发源。电子束应具有较高的亮度和尽可能小的束斑直径，从而获得较高的信号强度和图像分辨率。

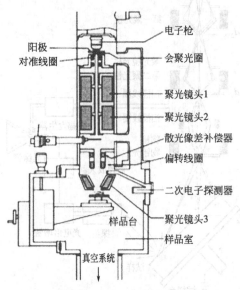

图2.10 扫描电子显微镜电子光学系统

（1）电子枪 电子枪（electron gun）的作用是提供一个连续不断的、稳定的电子源，产生并发射加速电子以形成电子束，其位于扫描电子显微镜的最顶端。通常扫描电子显微镜有钨灯丝阴极电子枪、LaB_6电子枪及场发射电子枪。

最早使用的是钨丝热阴极电子枪，它是热电子发热型电子枪，发射电子的阴极灯丝通常用0.03～0.1mm的钨丝做成V形，如图2.11（a）所示。在使用电子显微镜最初，钨丝热阴极电子枪一直占据主导地位而被广泛使用，但是由于它的亮度低，光源尺寸和能量发散较大，所以人们很早就开始寻找更亮的电子源。

LaB_6电子枪是1969年由布鲁斯提出的，是将LaB_6单晶加工成锥状的顶端，如图2.11（b）所示，它的造价比钨丝要高，但是它的亮度好，光源尺寸和能量发散较小，更适合在分析型电子显微镜中使用，这是一种肖特基发射电子枪，阴极温度1800K。

新一代的场发射电子枪是利用靠近曲率半径很小的阴极尖端附近的强电场，使阴极尖端发射电子，如图2.11（c）所示，所以称为场致发射（简称场发射）。

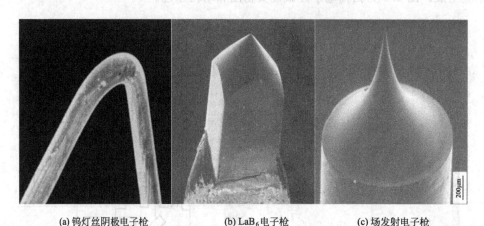

(a) 钨灯丝阴极电子枪   (b) LaB_6电子枪   (c) 场发射电子枪

图2.11 电子枪

上述三种类型电子枪的性能比较见表2.1，可见，场发射电子枪是高分辨率扫描电子显微镜较理想的电子源。

表 2.1　几种类型电子枪的性能比较

电子枪类型	电子源直径	能量分散度/eV	总束流/μA	真空度/Pa	寿命/h
钨丝	$30\mu m$	3	100	1.33×10^{-2}	50
LaB$_6$	$5\sim10\mu m$	1	50	2.66×10^{-4}	100
场发射	$5\sim10nm$	0.3	50	1.33×10^{-4} 1.33×10^{-8}	1000 >2000

(2) 电磁透镜（光阑）　电磁透镜的功能是把电子枪发射的电子束束斑逐级聚焦缩小，照射到样品上的电子束束斑越小，图像的分辨率越高。扫描电子显微镜所使用的电磁透镜通常分为聚光镜和物镜，其中聚光镜是强透镜，用来缩小电子束束斑，而物镜是弱透镜，焦距长，可以方便地在其和样品室之间装入各种信号检测器。为了消除像散，每个电磁透镜都装有消像散器。为了降低电子束的发散程度，挡掉一大部分无用的电子，防止对电子光学系统的污染，每个电磁透镜都装有光阑。扫描电子显微镜中的物镜光阑一般为可动光阑，其上有4 个不同尺寸的光阑孔，根据需要选择不同尺寸光阑孔，以提高束流强度或增大景深，从而改善图像的质量。图 2.12 所示为抗污染光阑。

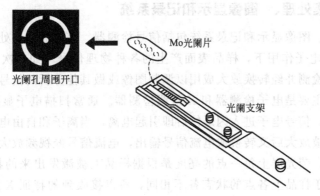

图 2.12　抗污染光阑

(3) 扫描线圈　扫描系统是扫描电子显微镜一个独特的结构，主要由扫描发生器、扫描线圈、放大倍率变换器组成。扫描线圈的作用是提供样品表面上电子束以及显像管中电子束在荧光屏上的同步扫描信号；改变电子束在样品表面的扫描宽度，以获得所需放大倍数的扫描电子显微图像。扫描电子显微镜的放大倍数基本取决于显像管扫描线圈电流与镜筒中扫描线圈电流强度之比。由于扫描电流值较小，且可灵活改变，因此可方便快捷地调节放大倍率。通常电子束在样品表面进行扫描的方式有两种：光栅扫描方式与角光栅扫描方式（图 2.13）。在进行表面形貌分析时，采用光栅扫描方式，电子束在样品表面扫描出方形区域，而在电子通道花样分析时，采用角光栅扫描方式。

(4) 样品室　扫描电子显微镜样品室的空间较大，位于镜筒的最下方，用于放置样品及安放信号检测器。各种不同信号的收集与相应检测器的安放位置有很大的关系，如果安放不当，则有可能收不到信号或收到的信号很弱，从而影响分析精度。为了适应断口实物等大型样品的需求，近年来人们开发了可放置尺寸在 $\phi125mm$ 以上的大样品台，观察时，样品台可根据需要沿三个方向平移，在水平面内旋转或沿水平轴倾斜。还有一些样品室带有多种附件，可使样品在样品台上加热、冷却和拉伸，进行动态组织或性能研究。

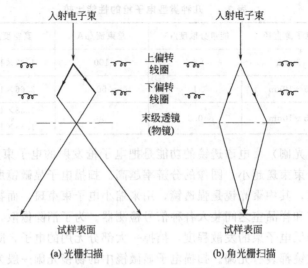

(a) 光栅扫描　　　　　　　(b) 角光栅扫描

图 2.13　电子束的扫描方式

2.4.2　信号收集处理、图像显示和记录系统

　　信号收集处理、图像显示和记录系统包括信号检测器、信号放大和处理装置、显示装置（图 2.14）。在入射电子作用下，样品表面产生的各种物理信号（如二次电子、背散射电子和透射电子等）被检测并经转换放大成用以调制图像或做其他分析的信号。目前扫描电子显微镜常用的检测器主要是电子检测器和 X 射线检测器。通常扫描电子显微镜的电子检测器采用闪烁体计数器，信号电子进入闪烁体后即引起电离，当离子和自由电子复合后就产生可见光。可见光信号被放大后又转换成电流信号输出，电流信号经视频放大器放大后就成为调制信号。如前所述，荧光屏上每一点的亮度是根据样品上被激发出来的特征 X 射线的信号强度来调制的，由于样品上各点的状态各不相同，所以接收到的特征 X 射线的信号也不相

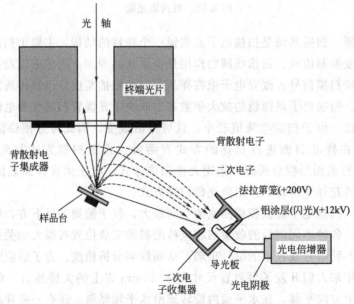

图 2.14　扫描电子显微镜信号收集及显示系统

同，于是就可以在荧光屏上看到一幅反映样品各点状态的扫描电子显微图像。

图像显示和记录系统就是把信号系统输出的调制信号转换为阴极射线管荧光屏上的图像，供观察或者照相记录。

在扫描电子显微镜中，二次电子检测器一般装在与入射电子束轴线垂直的方向上，其探头上涂有超短余晖的荧光粉的塑料闪烁体，接收端加工成半球形，并镀有一层铝膜作为反射层，阻挡杂散光的干扰并作为高压极，闪烁体的另一端与光导管相接，再与镜筒外的光电倍增管连接，闪烁体探头周围有金属屏蔽罩，其前端是栅网收集极。当用来检测二次电子时，栅网上加 $250 \sim 500\mathrm{V}$ 正偏压，对低能二次电子起加速作用，增大了检测的有效立体角，吸引样品上发射的二次电子飞向探头；当进行背散射电子检测时，需在栅网上加 $50\mathrm{V}$ 的负偏压，阻止二次电子到达检测器，即关闭二次电子检测器（图 2.15）。

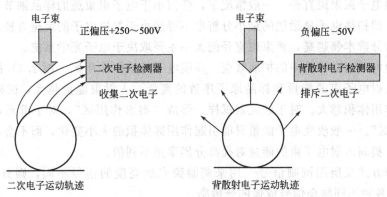

图 2.15　二次电子和背散射电子的运动轨迹

2.4.3　真空系统与电源系统

真空系统的作用是建立能确保电子光学系统正常工作，防止样品污染所必需的真空区，一般情况下，若镜筒真空度达到 $1.33 \times 10^{-2} \sim 1.33 \times 10^{-3}\mathrm{Pa}$，就可防止电子枪极间放电和样品污染。但根据灯丝的种类不同，真空度的要求也不同，对于场发射电子枪需要更高的真空度。一般常使用的真空泵有：机械泵、扩散泵、涡轮分子泵、离子泵及低温吸气泵。

电源系统是为了满足仪器正常运转所需要的电源，由稳压、稳流及相应的安全保护电路所组成。

2.5　扫描电子显微镜的性能

扫描电子显微镜的主要性能如下所述。

2.5.1　放大倍数

在扫描电子显微镜光栅扫描的情况下，扫描区域一般都是方形的，由大约 1000 条扫描线组成。扫描电子显微镜的放大倍数 M 可表达为：

$$M = A_c / A_s \tag{2.4}$$

式中，A_c 为阴极射线管电子束在荧光屏上的扫描振幅；A_s 为入射电子束在试样表面上的扫描振幅。

由于扫描电子显微镜的荧光屏尺寸是固定不变的，因此只要减小镜筒中电子束的扫描幅度，就可以得到高的放大倍数，反之，若增加扫描幅度，则放大倍数就减小。扫描电子显微镜中放大倍数的调节是十分方便的，可从 20 倍到 20 万倍连续调节，对于场发射扫描电子显微镜来说，更可达到 60 万～80 万倍。

2.5.2 分辨率

分辨率是扫描电子显微镜最主要的一项性能指标，是通过测定图像中两个颗粒（或区域）间的最小距离来确定的。但需要注意的是，仪器所标定的分辨率都是指扫描电子显微镜处于最佳状态下达到的性能，并不保证在任何情况下都可得到。实际使用时，分辨率与许多因素有关。通常影响扫描电子显微镜图像分辨率的主要因素有：

（1）扫描电子束束斑直径　一般情况下，任何小于电子束束斑的样品细节不能在荧光屏图像上显示，即扫描电子显微镜的最小分辨率不可能小于扫描电子的束斑直径。束斑直径越小，相对而言分辨本领越高，而束斑直径的大小主要取决于电子光学系统。

（2）入射电子束在样品中的扩展效应　高能电子与试样作用区（图 2.4）的形状与大小主要取决于入射电子束的能量和样品原子序数的高低。入射束能量越大，试样原子序数越小，电子束作用体积越大。对于轻元素试样，形成"梨形作用区"，对于重元素试样，形成"半球形作用区"。一般改变电子能量只能引起作用区体积的大小变化，而不会显著地改变其形状。因此，提高入射电子束的能量对提高分辨率是不利的。

（3）成像方式及所用调制信号　用来调制荧光屏亮度的信号不同，则分辨率就不同。表 2.2 给出了各种不同物理信号成像的分辨率。

表 2.2　各种物理信号成像的分辨率　　　　　　　　　　单位：nm

信号	二次电子	背散射电子	吸收电子	特征 X 射线	俄歇电子
分辨率	3～10	50～300	100～1000	100～1000	5～10

如果以二次电子为调制信号时，因为二次电子的能量比较低，在试样上方检测到的二次电子主要来自试样近表面几纳米的薄层内，图像分辨率较高。在理想情况下，二次电子像分辨率与电子束束斑直径相当，所以二次电子具有较高的分辨率，通常以二次电子像的分辨率作为衡量扫描电子显微镜分辨率的主要指标。而当以背散射电子为调制信号时，在试样上方检测到的背散射电子主要来自试样较深层，且横向扩展和散射区域范围比二次电子大得多，因此背散射电子成像分辨率要比二次电子成像的低得多，一般为 50～300nm。同时，入射电子束还可以在样品更深的部位激发出特征 X 射线，它的扩展区更大，因此分辨率比背散射电子更低。

除此之外，信噪比、杂散磁场、机械振动等因素也会影响分辨率。一般信噪比越高，分辨率越高；而杂散磁场可能使扫描电子束形状发生畸变、电子运动轨迹改变、图像质量降低等，机械振动将引起束斑漂移，从而使分辨率下降。

2.5.3 景深

景深是指透镜对高低不平的样品各部位能同时聚焦成像的一个能力范围，这个范围用一段距离来表示。扫描电子显微镜景深大、成像有立体感，这是其最鲜明的优点，也因此适合于表面较粗糙的断口样品的观察。图 2.16 是扫描电子显微镜景深示意，景深 D 与扫描电子

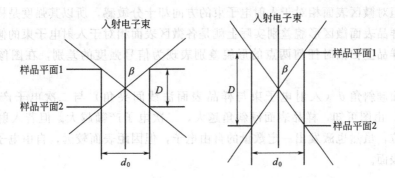

图 2.16　扫描电子显微镜景深与扫描电子束发散角的关系

显微镜的分辨率 d_0（即电子束斑直径尺寸）、电子束的发散角（孔径角）β 的关系为：

$$D = \frac{d_0}{\tan\beta} \approx \frac{d_0}{\beta} \tag{2.5}$$

一般而言，扫描电子显微镜的物镜是弱透镜，焦距较长，β 角很小（约 $10^{-3}\,\mathrm{rad}$），所以它的景深很大。扫描电子显微镜与光学显微镜景深比较见表 2.3，在同样的放大倍数下，扫描电子显微镜的景深比光学显微镜的景深大得多。

表 2.3　扫描电子显微镜与光学显微镜景深比较

放大倍数 M	分辨率/μm	景深/μm	
		扫描电子显微镜	光学显微镜
20	5	5000	5
100	1	1000	2
1000	0.1	100	0.7
5000	0.02	20	—
10000	0.01	10	—

2.6　扫描电子显微镜衬度原理

扫描电子显微镜图像的衬度是信号衬度，定义如下：

$$C = \frac{i_2 - i_1}{i_2} \tag{2.6}$$

式中，C 为信号衬度；i_1 和 i_2 为电子束在样品上扫描时从任何两点探测到的信号强度。

扫描电子显微镜像衬度主要是利用试样表面微区特征（形貌、原子序数、化学成分、晶体结构、位向等）的差异，在电子束作用下产生不同强度的物理信号，从而在荧光屏上不同的区域出现不同的亮度，获得具有一定衬度的图像。根据其形成的原理，分为表面形貌衬度、成分衬度、电压衬度和磁衬度。

2.6.1　表面形貌衬度

表面形貌衬度是由于样品表面形貌差别而形成的衬度，利用对样品表面形貌变化敏感的物理信号作为调制信号得到表面形貌衬度，其中最典型的形貌衬度就是二次电子像衬度。由前述可知，二次电子信号来自于试样表层 $5\sim10\,\mathrm{nm}$ 深度范围，它的强度与原子序数没有明确的关系，但对微区表面相对于入射电子束的方向却十分敏感，所以其强度是样品表面倾角的函数，而样品表面微区形貌差别实际上就是各微区表面相对于入射电子束的倾角不同。因此电子束在样品上扫描时任何两点的形貌差别表现为信号强度的差别，在图像中形成形貌衬度。

样品表面倾斜角 θ（入射电子束与样品表面法线间夹角）与二次电子产额的关系如图 2.17 所示。由图可知，样品表面倾斜角越大，二次电子产额越大。但若入射电子束进入了较深的部位，虽然也激发出一定数量的自由电子，但因距表面较远，自由电子被样品吸收而无法逸出表面。

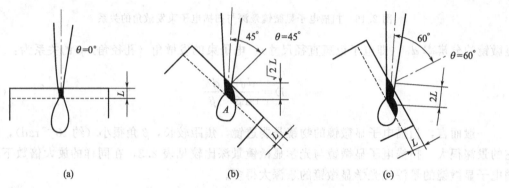

图 2.17　样品倾斜对二次电子产额的影响

图 2.18 为根据上述原理画出的二次电子形貌衬度。B 面的倾斜角最小，二次电子产额最少，亮度最低；C 面倾斜角最大，亮度也最大。

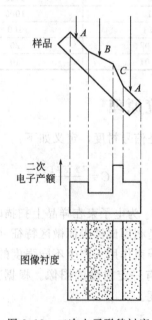

图 2.18　二次电子形貌衬度

图 2.19 为实际样品中二次电子被激发的一些典型例子，从中可以看出，凸出的尖端、小粒子以及比较陡的斜面处二次电子产额较多，在荧光屏上这些部位的亮度较大；平面上二次电子的产额较小，亮度较低；深的凹槽底部虽然也能产生较多的二次电子，但这些二次电

子不易被检测器收集到，因此衬度也会显得较暗。

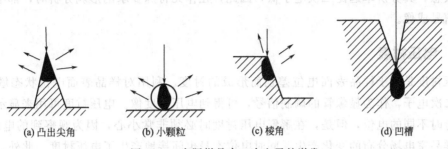

(a) 凸出尖角   (b) 小颗粒   (c) 棱角   (d) 凹槽

图 2.19　实际样品中二次电子的激发

2.6.2　成分衬度

成分衬度，又称为原子序数衬度，是由于样品表面物质化学成分或原子序数差别而形成的衬度。背散射电子像和吸收电子像的衬度都包含成分衬度，而特征 X 射线像的衬度就是成分衬度。二次电子本身对原子序数 Z 不敏感，一般不用来研究样品中的成分分布。背散射电子的产额对原子序数 Z 的变化极为敏感，随 Z 的增加而增大，尤其是当 $Z < 40$ 的元素，这种变化更为明显（图 2.3）。样品表面上原子序数（或平均原子序数）较高的区域，背散射电子信号较强，其图像上相应的部位就较亮；反之，则较暗。

目前，背散射电子检测器多采用半导体探测器或罗宾逊探头，该类型探测器的应用原理是电子空穴对的产生。背散射电子探测器是可伸缩型的，检测时位于最终镜下方，非常靠近样品，不用时离开光路。用背散射电子进行成分分析时，为了避免形貌衬度对成分衬度的干扰，被分析的样品只进行抛光而不腐蚀。对于那些既要分析形貌又要进行成分分析的样品，可以采用配备了新型双探头的检测器来收集样品同一部位的背散射电子。该检测器由两块独立的检测器组成，位于样品的正上方（图 2.20），对于原子序数信息而言，A、B 所接收到的背散射电子信号强度是一样的；而就形貌而言，其背散射电子信号强度是互补的。两个检测器收集到的信号分别输入到放大器，对信号相加，即 $A + B$ 处理，使与原子序数有关的信号放大，消除形貌的影响，得到了成分像；若对信号相减，即 $A - B$ 处理，则消除了原子序数的影响，使与形貌有关的信号放大，得到了样品表面的形貌像。这种系统不仅适用于抛光样品的成分衬度，也适用于同时显示粗糙表面样品的形貌衬度和成分衬度。

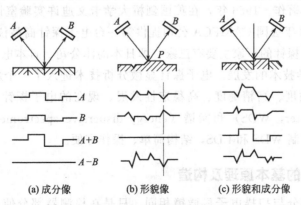

(a) 成分像   (b) 形貌像   (c) 形貌和成分像

图 2.20　双探头检测器工作原理

此外，虽然背散射电子信号也可以用来显示试样表面形貌，但它对试样表面形貌的变化不那么敏感，其分辨率远比二次电子低，因此，在作无特殊要求的形貌分析时，都不用背散射电子信号成像。

2.6.3　电压衬度

电压衬度是由于样品表面电位差别而形成的衬度。利用对样品表面电位状态敏感的信号，如二次电子，作为显像管的调制信号，可得到电压衬度像。电压衬度可用来显示出集成电路运行时不同的电位，但是，在解释电压衬度时必须非常小心，因为观察到的电压衬度，不但由样品室电场分布的变化产生，同时电位本身也间接地产生了电压衬度。此外，集成块上不同电位区域在之间的电场也产生了电压衬度。

2.6.4　磁衬度

二次电子离开表面时将穿过磁性材料表面的磁场并受到磁场洛伦兹力的作用而偏转。其偏转方向将同时垂直于电子运行的方向和磁场的方向，因此进入试样和二次电子检测器构成的平面（或从中出来）的漏磁场也产生偏转，这意味着叠加或减少检测器的收集率。这种变化使二次电子产生磁衬度。

2.7　电子探针显微分析

电子探针显微分析仪（electron probe microscope analyzer，EPMA）也称电子探针仪，是一种现代微区化学成分分析手段。它利用一束束斑直径 $4nm \sim 100 \mu m$ 的细聚焦高能电子束（$1 \sim 40kV$）轰击样品表面，在一个有限深度与侧向扩展的微小体积内，激发和收集样品的特征 X 射线信息，并依据特征 X 射线的波长（或能量）确定微区内各组成元素的种类，同时可利用谱线强度解析样品中相关组元的具体含量。

2.7.1　电子探针的发展

1949 年法国 Castaing 与 Guinier 将一架静电型电子显微镜改造成为电子探针仪。1951 年 Castaing 的博士论文奠定了电子探针分析技术的仪器、原理、实验和定量计算的基础，其中较完整地介绍了原子序数、吸收、荧光修正测量结果的方法，被人们誉为 EPMA 显微分析这一学科的经典著作。1956 年，在英国剑桥大学卡文迪许实验室设计和制造了第一台扫描电子探针。1958 年法国 CAMECA 公司提供第一台电子探针商品仪器，取名为 MS-85。现在世界上生产电子探针的厂家主要有三家，即日本岛津公司、日本电子公司和法国 CAM-ECA 公司。随着科学技术的发展，电子探针显微分析技术进入了一个新的阶段，电子探针向高自动化、高灵敏度、高精确度、高稳定性发展。现在的电子探针为波谱（wavelength dispersive spectrometer，WDS）和能谱（energy dispersive spectrometer，EDS）组合仪，用一台计算机同时控制 WDS 和 EDS，结构简单、操作方便。

2.7.2　电子探针的基本原理及构造

电子探针镜筒部分与扫描电子显微镜相同，只是在检测器部分使用的是 X 射线谱仪，用来检测 X 射线的特征波长（波谱仪）和特征能量（能谱仪），其主要功能是进行微区成分分析。它是在电子光学和 X 射线光谱学原理的基础上发展起来的一种高效率分析仪器。原理是：用细聚焦电子束入射样品表面，激发出样品元素的特征 X 射线，分析特征 X 射线的波长（或能量）可知元素种类；分析特征 X 射线的强度可知元素的含量。通常会把扫描电子显微镜和电子探针组合在一起。

电子探针主要结构有电子束照射系统（电子光学系统）、样品台、X 射线分光（色散）器、真空系统、计算机系统（仪器控制与数据处理），其结构如图 2.21 所示。

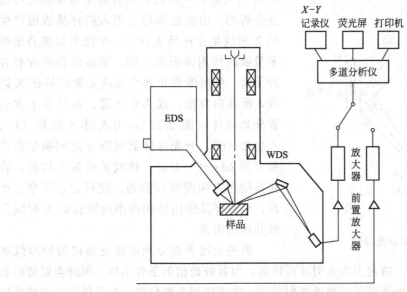

图 2.21 电子探针的结构

（1）能谱仪 能谱仪就是利用不同元素 X 射线光子特征能量不同的特点来进行成分分析。图 2.22 为锂漂移硅检测器能谱仪框图。当特征能量 ΔE 的 X 射线光子由 Si（Li）检测器收集时，在 Si（Li）晶体内将激发出一定数目的电子-空穴对。假定产生一个电子-空穴对的最低平均能量为 ε（固定的），则由一个 X 射线光子造成的电子-空穴对数目为：

$$N = \frac{\Delta E}{\varepsilon} \tag{2.7}$$

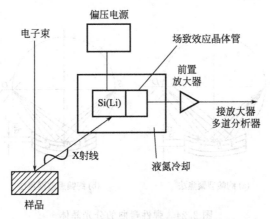

图 2.22 锂漂移硅检测器能谱仪框图

式中，N 为一个 X 射线光子造成的电子-空穴对的数目；ε 为产生一个电子-空穴对的最低平均能量；ΔE 为特征能量。

能谱仪的工作过程是加在 Si(Li) 晶体两端偏压来收集电子-空穴对→（前置放大器）转换成电流脉冲→（主放大器）转换成电压脉冲→（后进入）多通脉冲高度分析器，按高度把脉冲分类，并计数，从而描绘 I-E 图谱。

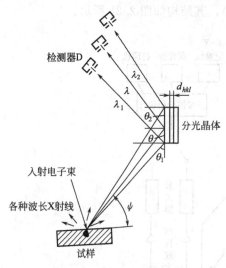

图 2.23 平面分光晶体

（2）波谱仪 波谱仪是根据不同元素的特征 X 射线具有不同波长的特点来对样品进行成分分析的。由前已知电子束入射样品表面产生的 X 射线是在样品表面下一个微米量级乃至纳米量级的作用体积发出的，若该体积内含有各种元素，则可激发出各个相应元素的特征 X 射线，沿各向发出，成为点光源。在样品上方放置分光晶体（图 2.23），当入射 X 波长（λ）、入射角（θ）、分光晶体面间距 d 之间满足布拉格方程 $2d\sin\theta = \lambda$ 时，该波长将发生衍射，若在其衍射方向安装探测器，便可记录下来。由此，可将样品作用体积内不同波长的 X 射线分散并展示出来。

但是上述平面分光晶体使谱仪的检测效率非常低，在固定波长下，特定方向入射才可衍射，而且处处衍射条件不同。因此需要解决的问题是：分光晶体表面处处满足同样的衍射条件，实现衍射束聚焦把分光晶体作适当的弹性弯曲，并使 X 射线源、弯曲晶体表面和检测器窗口位于同一个圆周上，就可以达到把衍射束聚焦的目的，该圆称为聚焦圆，半径为 R。此时，如果晶体的位置固定，整个分光晶体只收集一种波长的 X 射线，从而使这种单色 X 射线的衍射强度大大提高。

特征 X 射线聚焦方法有两种：约翰型聚焦法和约翰逊型聚焦法（图 2.24）。前者弯曲单晶的衍射晶面的曲率半径为 $2R$，近似聚焦方法；而后者衍射晶面的曲率半径为 R，即晶体表面与聚焦圆相合，全聚焦法。只要改变晶体在聚焦圆的位置，即可改变入射角 θ，就可以探测不同波长的特征 X 射线。

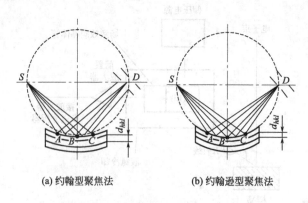

(a) 约翰型聚焦法   (b) 约翰逊型聚焦法

图 2.24 弹性弯曲的分光晶体

常见的波谱仪布置形式有直进式和回转式两种（图 2.25）。直进式波谱仪其分光晶体沿直线移动，晶体位置 L、聚焦圆半径 R 满足 $2R\sin\theta=L$，由已知 L 和 R 可求出 θ，再利用布拉格方程计算特征 X 射线波长 λ。直进式波谱仪的优点是检测不同波长的 X 射线时，可保持出射角 ψ 不变，有利于定量分析时的吸收修正，但直进式波谱仪结构较复杂，且占据较大空间。

回转式波谱仪检测不同波长 X 射线时，分光晶体在聚焦圆周上移动，检测器以相应的 2 倍的角速度在同一圆周上移动，其结构简单，但缺点是接收不同波长 X 射线时，出射角 ψ 将发生改变，不利于定量分析时的吸收修正。

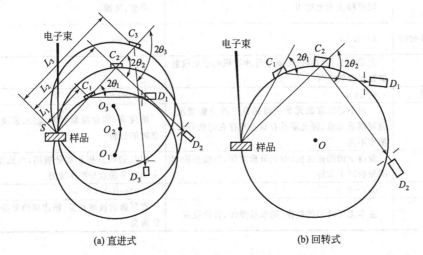

(a) 直进式　　　　　　　　(b) 回转式

图 2.25　常见的波谱仪布置形式

（3）能谱仪与波谱仪的比较　能谱仪与波谱仪相比具有以下优点：

① 能谱仪探测 X 射线的效率高。

② 在同一时间对分析点内所有元素 X 射线光子的能量进行测定和计数，在几分钟内可得到定性分析结果，而波谱仪只能逐个测量每种元素的特征波长。

③ 结构简单，稳定性和重现性都很好（因为无机械传动），不必聚焦，对样品表面无特殊要求，适于粗糙表面分析。

具有以下缺点和不足：

① 分辨率低：Si(Li)检测器分辨率约为 160eV；波谱仪分辨率为 5～10eV。

② 能谱仪中因 Si(Li)检测器的铍窗口限制了超轻元素的测量，因此它只能分析原子序数大于 11 的元素；而波谱仪可测定原子序数从 4～92 间的所有元素。

③ 能谱仪的 Si(Li)探头必须保持在低温态，因此必须时时用液氮冷却。

基于自身的工作原理与构造，能谱仪与波谱仪各有优势和不足。表 2.4 比较了两种 X 射线谱仪的主要性能指标。

表 2.4　能谱仪与波谱仪的主要性能指标比较

性能指标	能谱仪	波谱仪
分析元素范围	$Z\geq11$(铍窗)，$Z\geq4$(无窗)	$Z\geq4$
分辨率	与能量有关，约 130eV	与分光晶体无关，5eV
几何收集效率	<0.2%	改变，<0.2%
量子效率	约 100%(2.5～15keV)	改变，<30%
瞬时接收范围	全部有用能量范围	谱仪能分辨的范围

性能指标	能谱仪	波谱仪
最大记数速率	与分辨力有关,使在全谱范围得到最佳分辨时,<2000Hz	约50000Hz(在一条谱线上)
谱线显示	同时显示所有谱线,定性分析速度快,几十秒可完成	可同时使用4道波谱仪,显示所有谱线,定性分析时间长,1～20min才完成
分析精度(浓度>10%,Z>10)	≤±5%	±1%～5%
对表面要求	较粗糙表面也适用	平整,光滑
典型数据收集时间	2～3min	>10min
谱失真	主要包括:逃逸峰、峰重叠脉冲堆积电子束散射铍窗吸收效应等	少
最小束斑直径	约5nm	约200nm
定量分析	对中等浓度的元素可得到良好的分析精度,但对痕量元素、轻元素及有重叠峰存在时的分析,精度不高	精度高,能做痕量元素、轻元素及有重叠峰存在时的分析
定性分析	获得全谱的速度快,做点分析方便,做线分析和面分析图不太好	擅长做线分析和面分析图,因成谱速度慢,对未知成分的点分析不太好
探测极限/%	0.1～0.5	0.01～0.1
其他	基本无可动部件操作,简单易操作,售价便宜	有复杂的机械系统,操作麻烦复杂,不易掌握,售价高

2.7.3 电子探针分析方法

(1) 定性分析　电子探针定性分析的理论依据是布拉格衍射方程和莫塞莱定律。

在不确定待测样品中有哪些元素时,选择定性分析,可以得到样品中有哪些元素及其含量。能谱仪定性分析是根据探测器(正比计数管、闪烁计数管)输出脉冲幅度与入射X射线在检测器中损耗能量之间的已知关系来确定X射线能量。其原理是,样品中同一元素的同一线系特征X射线的能量值是一定的,不同元素的特征X射线能量值各不相同。利用能谱仪接收和记录样品中特征X射线全谱,并展示在屏幕上,然后移动光标,确定各谱峰的能量值,通过查表和释谱,可确定出样品组成。

波谱仪定性分析是在电子束的轰击下,样品产生组成元素的特征X射线,然后由谱仪的分光晶体分光,计数管接收并转变成脉冲信号,最后由计数计显示或记录仪记录下试样组成元素的特征X射线全谱。通过所获得的布拉格角θ,用式(2.8)求出每个峰的波长值,再通过莫塞莱定律,找出产生特征谱线元素的原子序数,进而得出组成元素的类别。

$$L = 2R\sin\theta = \frac{nR}{d}\lambda \Rightarrow \lambda = \frac{2d\sin\theta}{n} = \frac{Ld}{nR} \tag{2.8}$$

(2) 定量分析　已知要检测元素的种类,根据元素选择标准样品,精确给出元素含量。但是通过电子探针所测的各组元特征X射线强度比来直接推算样品组元浓度,只是一种精确度不大高的半定量分析方法。其基本原理为:在一定的电子探针分析测量条件下,样品组成元素的质量分数与某元素产生的特征X射线的强度(计数率,count per second,CPS)成正比,两者关系可用式(2.9)表示:

$$\frac{C_i}{C_{(i)}} = \frac{I_i}{I_{(i)}} = k \tag{2.9}$$

式中，C_i 和 $C_{(i)}$ 分别为样品和标样中 i 元素的浓度；I_i 和 $I_{(i)}$ 分别为样品和标样中 i 元素的 X 射线强度。

为达到 $\pm 5\%$ 左右的高精度测量结果，必须计入"基体效应"（包括原子序数效应、X 射线吸收效应和二次荧光效应）的影响，以修正元素特征 X 射线的谱线强度比与其实际含量（浓度）间的关联。需要指出的是，定量分析时涉及的元素谱线强度比计算，将关系到样品与标样的元素谱线的实测强度，而这些强度值在被采用前必须扣除背景计数引起的背底以及计数管死时间的影响。

（3）工作方式

① 点分析。将电子束固定在要分析的微区上，用波谱仪分析时，改变分光晶体和探测器的位置，即可得到分析点的 X 射线谱线；用能谱仪分析时，几分钟内即可直接从荧光屏（或计算机）上得到微区内全部元素的谱线。

② 线分析。将谱仪（波、能）固定在所要测量的某一元素特征 X 射线信号（波长或能量）的位置，把电子束沿着指定的方向做直线轨迹扫描，便可得到这一元素沿直线的浓度分布情况。如果改变位置可得到另一元素的浓度分布情况。线分析法较适合于分析各类界面附近的成分分布和元素扩散。

③ 面分析。电子束在样品表面做光栅扫描，将谱仪（波、能）固定在所要测量的某一元素特征 X 射线信号（波长或能量）的位置，此时，在荧光屏上得到该元素的面分布图像。改变位置可得到另一元素的浓度分布情况。这也是用 X 射线调制图像的方法。

2.7.4　样品制备要求

① 样品表面要平整清洁，通常需进行抛光处理；

② 样品要放入适宜的样品台；

③ 不导电样品要进行导电处理，且注意所喷涂层不能为待测样品中的元素；

④ 粉末样品需压成薄片或者平铺在导电胶表面，并确保观察测量时粉末不会发生飞扬；

⑤ 强磁性样品需消磁后才可观察测量。

2.7.5　电子探针的应用

电子探针已广泛应用于材料科学、矿物学、冶金学、犯罪学、生物化学、物理学、电子学和考古学等领域，特别是在材料研究领域中的断口分析、镀层分析、微区成分分析及显微组织形貌和催化剂机理与失效研究等方面发挥着不可替代的作用。在地质、矿产行业方面，配合使用特殊的透射偏光样品台附件，可以完成其他分析手段无法完成的分析任务。在微区化学成分分析、显微组织及超微尺寸材料的研究、催化剂研究、地质领域、矿物方面、金属领域、生物学、医学及法学中都得到了广泛应用。

例如，在断口分析方面，电子探针的样品制备简单，可以实现试样从低倍到高倍的定位分析。在样品室中的断口试样不仅可以沿三维空间移动，还能够根据观察需要进行空间转动，以利于使用者对感兴趣的断裂部位进行连续、系统的观察分析。扫描电子显微断口图像因真实、清晰，并富有立体感，在金属断口和显微组织三维形态的观察研究方面获得了广泛应用。而且根据断口的断裂特征，并结合生产工艺综合分析，可断定型材样品断裂的原因。

在镀层表面形貌分析和深度检测方面，材料在使用过程中不可避免地会遭受环境的侵蚀，容易发生腐蚀现象。为保护母材，成品件常常需要进行表面防腐处理。有时，为利于机加工，在工序之间也进行镀膜处理。由于镀膜的表面形貌和深度对使用性能具有重要影响，所以常常被作为研究的技术指标。镀膜的深度很薄，由于光学显微镜放大倍数的局限性，使用金相方法检测镀膜的深度和镀层与母材的结合情况比较困难，而电子探针却可以很容易完成。使用电子探针观察分析镀层表面形貌是方便、易行的最有效的方法，样品无需制备，只需直接放入样品室内即可放大观察。电子探针可得知材料表面有无凹陷、凸出以及裂纹、毛刺和起皮等。

2.8 电子背散射衍射及应用

20 世纪 80 年代，一项重大的新技术——电子背散射衍射（electron backscattered diffraction，EBSD），或称"散射菊池衍射"问世，它是基于扫描电子显微镜的新技术，利用此技术可以进行样品的显微组织结构观察，同时获得晶体学数据，并进行相应的数据分析。目前，电子背散射衍射技术已成为研究材料形变、回复和再结晶过程的有效分析手段，特别是在微区织构分析方面的应用，可应用于金属及合金、陶瓷、半导体、超导体、矿石等工业领域，以研究各种现象，如热处理对组织和性能的影响，与取向关系有关的性能（成形性、磁性等），界面性能（腐蚀、裂纹等）及相鉴定等。

2.8.1 EBSD 的结构及基本原理

电子背散射衍射技术是基于扫描电子显微镜中电子在倾斜样品表面激发出并形成的衍射菊池带的分析从而确定晶体结构、取向及相关信息的方法。入射电子束进入样品，由于非弹性散射，在入射点附近发散，在表层几十纳米范围内成为一个点源。由于其能量损失很少，电子的波长可认为基本不变。这些电子在反向出射时与晶体产生布拉格衍射，称为电子背散射衍射。

（1）菊池线 在稍厚的薄膜试样中观察电子衍射时，经常会发现在衍射谱的背景衬度上分布着黑白成对的线条。这时，如果旋转试样，衍射斑的亮度虽然会有所变化，但它们的位置基本上不会改变。但是，上述成对的线条却会随样品的转动迅速移动。这样的衍射线条称为菊池线（图 2.26），带有菊池线的衍射花样称为菊池衍射谱。

在扫描电子显微镜中，电子束与大角倾斜的样品表层区作用，衍射发生在一次背散射电子与点阵面的相互作用中。将样品表面倾斜 60°～70°，背散射电子传出的路径变短，更多的衍射电子可以从表面逸出且被屏幕接收。图 2.27 为电子背散射衍射花样产生结构，图 2.28 为单个晶面电子背散射衍射原理。

（2）EBSD 系统组成 EBSD 分析系统如图 2.29 所示，整个系统由以下几部分构成：样品、电子束系统、样品台系统、SEM 控制器、计算机系统、高灵敏度的 CCD 相机、图像处理器等。它的系统安装很简单，也像安装 EDS 探头一样，把 EBSD 的前端安装在 SEM 样品室的侧面即可。试样专用的试样架固定在样品台上。放入 SEM 样品室内的样品经过大角度倾转后（一般倾转 65°～70°，通过减小背散射电子射出表面的路径，以获取足够强的背散射衍射信号，减小吸收信号），入射电子束与样品表面区作用，产生菊池带。由衍射圆锥组成的三维花样投影到低光度磷屏幕上，在二维屏幕上被截出相互交叉的菊池带花样，花样被后

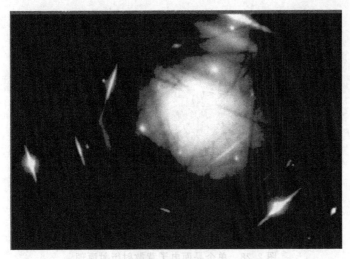

图 2.26 菊池线

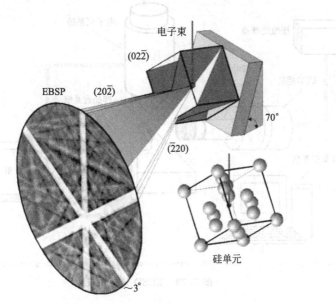

图 2.27 电子背散射衍射花样产生结构

面的 CCD 相机接收，经图像处理器处理，由抓取图像卡采集到计算机。通过霍夫变换，自动确定菊池带的位置、宽度、强度、带间夹角，与对应的晶体学库中的理论值比较，标出对应的晶面指数与晶带轴，并算出所测晶粒晶体坐标系相对于样品坐标系的取向。

2.8.2 EBSD 的分辨率

EBSD 的空间分辨率远低于扫描电子显微镜的图像分辨率，为 $200\sim500nm$，角分辨精度为 1°。因为样品是倾斜的，电子在样品表面下的作用不对称，因此造成电子束在水平方向与垂直方向的分辨率有差异，垂直分辨率低于水平分辨率。一般用两个值的乘积或平均值表示 EBSD 的分辨率。影响分辨率的因素有：样品原子序数、样品的几何位置、加速电压、束流及 EBSD 的准确度等。

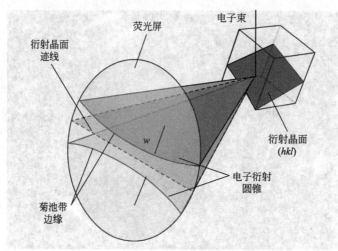

图 2.28　单个晶面电子背散射衍射原理

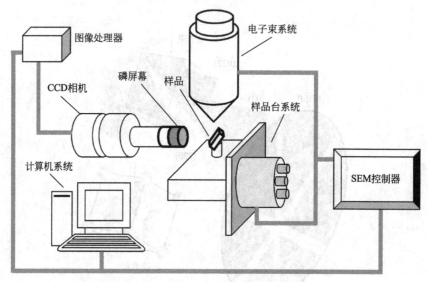

图 2.29　EBSD 分析系统

2.8.3　EBSD 样品的制备

相对于普通扫描电子显微镜观察样品，EBSD 的样品要求要严格许多。最基本的要求是：样品表面要"新鲜"、无应力（弹塑性应力）、清洁、平整，具有良好的导电性；需要绝对数据时，样品外观坐标系要准确。

由于 EBSD 分析数据仅来自样品表面 10～50nm 厚的区域，沿平面方向远大于这个值，样品表面要避免机械损伤、表面污染或氧化层的干扰。不导电时要喷金、喷碳或使用导电胶带。因此，EBSD 分析用样品需要进行高标准的抛光处理，常规的抛光方法有机械抛光、化学抛光、电解抛光等。

下面以机械抛光为例，介绍 EBSD 样品的制备方法。

机械抛光对于那些整个样品面几乎都需要做 EBSD 分析的样品而言是很必要的，它基本包含 4 个步骤。

（1）镶嵌　通常，将样品镶嵌会使随后的抛光和操作更加容易，采用可导电的介质来进行镶嵌是非常有用的，可以减少在对非导电样品进行分析时的电荷的漂移和聚集。要注意的是，有些热镶嵌过程可能会造成材料（例如很多地质矿石）膨胀并且可能使之发生破裂。

（2）研磨　制样过程的第一个机械步骤，可以完全去除在切割样品时产生的形变，同时可以制备出一个较平的样品表面。通常来说，应该从 120 号或者 240 号的 SiC 砂纸开始研磨，并且一直磨到 1200 号砂纸，同时采用水作为润滑和去除污物。

（3）抛光　这一步可以去除大多数由于研磨导致的样品缺陷，同时它也可以配合多种类型的抛光剂和悬浮媒介进行。一般推荐采用 4 个或者 5 个步骤，在普通抛光布上使用从 $15\mu m \sim 0.25\mu m$ 的自润滑金刚石悬浮液或者金刚石抛光膏进行抛光。

（4）硅胶抛光　这个抛光的最后一步既包括机械抛光也包括化学抛光。硅胶溶液通常来说是一种碱性溶液，在机械抛光过程中会轻度腐蚀样品。理想情况是应该用硅胶在全自动的抛光机上对任何样品进行 10min 至数小时的抛光。

当采用 EBSD 手段分析绝缘样品（陶瓷、氧化物和地质样品）时，电荷聚集将会成为一个很大的问题。可以采用以下方法帮助减少甚至消除样品上的电荷聚集：确定样品表面没有形貌起伏；确定抛光很好；在样品已经被倾转了 70°后才打开电子束；在最终抛光之前镀金，这会将裂缝和小孔用导体填充起来；在可变压/低真空模式下工作；理想的压力范围是 10～50Pa，如果再高的话衍射花样的信号就会太弱；在高一些的扫描速度下工作，这样的话电子束就不会在同一个区域上停留太长时间；在低一些的探针电流以及/或者加速电压下工作；在样品和样品台的接触位置准备一些可导电区域，例如采用一些导电漆或者金属带。

2.8.4　EBSD 的应用

EBSD 技术已广泛地成为金属材料工作者、陶瓷和地质矿物学家分析显微结构及织构的强有力的工具。从采集到的数据可绘制取向地图、极图和反极图，还可计算 ODF。

（1）取向测量及取向关系分析　EBSD 最直接的应用就是进行晶粒取向的测量，那么不同晶粒或不同相间的取向差异也就可以获得，这样一来就可以研究晶界或相界、孪晶界、特殊界面（重位点阵）等（图 2.30）。

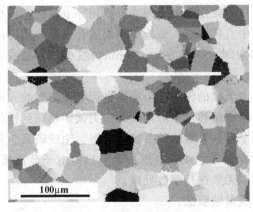
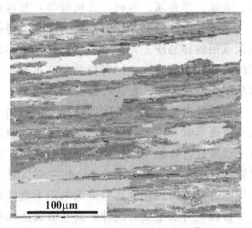

图 2.30　Ni 的晶粒取向分布　　　　　图 2.31　变形铝晶粒取向成像

（2）微织构分析　基于 EBSD 自动快速的取向测量，EBSD 可进行微织构分析，并且能知道这些取向在显微组织中的分布，这是织构分析的全新方法（图 2.31）。

（3）相鉴定　目前，EBSD可以对七大晶系任意对称性的样品进行自动取向测量和标定。结合EDS的成分分析可以进行未知相的鉴定。EBSD在相鉴定方面的一个优势就是区分化学成分相似的相，如：M_7C_3和M_3C相，钢中的铁素体和奥氏体。

（4）真实晶粒尺寸测量　传统的晶粒尺寸测量依赖于显微组织图像中晶界的观察。但并非所有晶界都能被常规浸蚀方法显现出来，特别是一些孪晶和小角晶界。因此，严重孪晶显微组织的晶粒尺寸测量就变得十分困难。采用EBSD技术对样品表面的自动快速取向测量，可以精确勾画出晶界和孪晶界，同时可进行晶粒尺寸统计分析（图2.32）。

图2.32　镍晶粒形貌的取向成像

另外，利用EBSD还可进行再结晶度和应变的测量及多相材料的相比计算。

2.9　扫描电子显微镜样品的制备

扫描电子显微镜一个突出的特点就是对样品的适应性大，所有的固态样品（块状、粉末、金属、非金属、有机、无机等等）都可以观察，而且试样制备方法非常简单。

对于导电性材料来说，除要求尺寸不得超过仪器规定的范围外，只要用导电胶把它粘贴在铜或铝的样品座上，即可放到扫描电子显微镜中直接观察。试样大小要适合仪器专用样品座的尺寸，不能过大，同时样品高度也有一定的限制，一般为5～10mm。细小的样品或者形状不规则的样品，可进行镶嵌后观察。

对于导电性较差或绝缘的试样来说，由于在电子束的作用下会产生电荷堆集，影响入射电子束斑形状和试样发射的二次电子运动轨迹，使图像质量下降，因此这类试样粘贴到样品座之后要进行喷镀导电层处理。通常采用二次电子发射系数比较高的金、银、铂或碳真空蒸发膜做导电层，膜厚控制在20nm左右。对于具有低真空或低电压功能的扫描电子显微镜，不导电的样品可以在低真空或低电压下直接观察，无须进行喷镀处理。

镀膜的方法主要有两种：真空镀膜法和离子溅射镀膜法。

对于磁性样品，要预先去磁，以免观察时电子束受到磁场的影响；对于粉末样品，需先黏结在样品座上，可以在样品座上先涂一层导电胶或火棉胶溶液，将试样粉末撒在上面，待黏结牢固后，用吸耳球将多余未粘牢的粉末吹去；还可以在样品座上粘贴一条导电胶，再将粉末撒在上面，吹去多余未粘牢的粉末，也可以将粉末粘牢后，再镀层导电膜，然后放入扫描电子显微镜中观察。

2.10 常见典型断口

由前可知，扫描电子显微镜放大倍率范围很宽，并且试样制备相对于透射电子显微镜来说较简单，同时景深大，因此在试样或构件断口分析方面，扫描电子显微镜的优点已为人们所公认。断口是断裂失效中两断裂分离面的简称。由于断口真实地记录了裂纹由萌生、扩展直至失稳断裂全过程的各种与断裂有关的信息，因此，断口上的各种断裂信息是断裂力学、断裂化学和断裂物理学等诸多内外因素综合作用的结果。对断口进行定性和定量分析，可为断裂失效模式的确定提供有力依据，为断裂失效原因的诊断提供线索。断口金相学不仅能在设备失效后进行诊断分析，还可为新产品、新装备投入使用进行预研预测。此外，对断口、裂纹及冶金、工艺损伤缺陷的诊断是失效分析工作的基础。实践证明，没有对断口、裂纹及冶金、工艺损伤缺陷的正确诊断结果，是无法提出失效分析的准确结论的。

2.10.1 韧窝断口

韧窝断口属于穿晶韧性断口，其重要特征是在断面上存在"韧窝"花样，韧窝底部有时可见第二相粒子存在，如图 2.33 所示。韧窝的形状有等轴形、剪切长形和撕裂长形等。

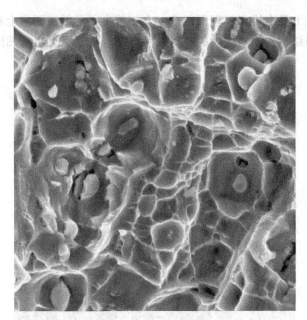

图 2.33 韧窝断口的形貌特征

2.10.2 解理断口

解理断口是金属在拉应力作用下，由于原子间结合键的破坏而造成的穿晶断裂。典型的解理断口有"河流状"花样，如图 2.34 所示。众多的台阶汇集成"河流状"花样，"上游"的小台阶汇合成"下游"的较大台阶，"河流"的流向就是裂纹扩展的方向。"舌状"花样或"扇肌状"花样也是解理断口的重要特征之一。

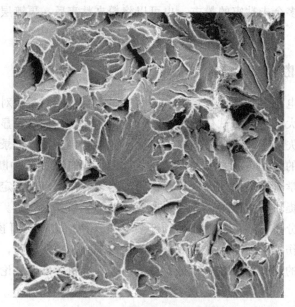

图 2.34　解理断口的形貌特征

2.10.3　准解理断口

准解理断口实质上是由许多解理面组成，在扫描电子显微镜图像上有许多短而弯曲的撕裂棱线条和由点状裂纹源向四周放射的"河流状"花样，断面上也有凹陷和二次裂纹等，如图 2.35 所示。

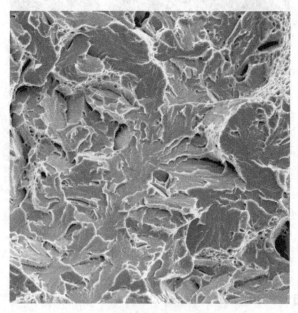

图 2.35　准解理断口的形貌特征

2.10.4　脆性沿晶断口

沿晶断裂通常是脆性断裂，其断口的主要特征是有晶间刻面的"冰糖状"花样，如图

2.36 所示。但某些材料的晶间断裂也可显示出较大的延性，此时断口上除呈现晶间断裂的特征外，还会有"韧窝"等存在，出现混合花样。

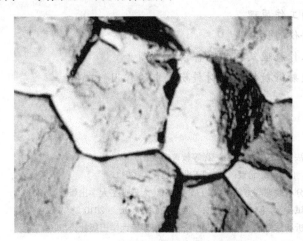

图 2.36　脆性沿晶断口的形貌特征

2.10.5　疲劳断口

从宏观上看，疲劳断口分为 3 个区域，即疲劳核心区、疲劳裂纹扩展区和瞬时破断区。疲劳断口在扫描电子显微镜下的图像呈现一系列基本上相互平行、略带弯曲、呈波浪状的条纹（疲劳辉纹），如图 2.37 所示。每一个条纹是一次循环载荷所产生的，疲劳条纹的间距随应力场强度因子的变化而变化。

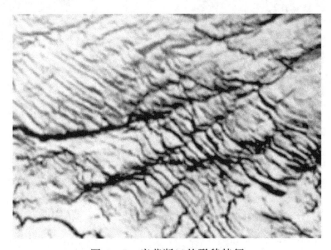

图 2.37　疲劳断口的形貌特征

◆ **思考题** ◆

1. 电子束入射固体样品表面会激发哪些信号？各有什么特点和用途？
2. 扫描电子显微镜的工作原理与光学金相显微镜有何不同？
3. 简述二次电子像和背散射电子像在显示表面形貌衬度的异同点。

4. 扫描电子显微镜的分辨率与信号的种类有关，其原因是什么？并比较各信号的分辨率高低。

5. 简要说明能谱仪的工作原理。

6. 比较波谱仪和能谱仪的优缺点。

7. 电子背散射衍射工作原理及样品制备注意事项。

8. 简要说明电子背散射衍射技术在材料研究中的作用。

◆ 参考文献 ◆

[1] 董建新. 材料分析方法 [M]. 北京：高等教育出版社，2014.

[2] 周玉. 材料分析方法 [M]. 北京：机械工业出版社，2011.

[3] 李晓娜. 材料微结构分析原理与方法 [M]. 大连：大连理工大学出版社，2014.

[4] 廖晓玲. 材料现代测试技术 [M]. 北京：冶金工业出版社，2010.

[5] 王富耻. 材料现代分析测试方法 [M]. 北京：北京理工大学出版社，2006.

[6] 王培铭，许乾慰. 材料研究方法 [M]. 北京：科学出版社，2013.

[7] 周玉，武高辉. 材料分析测试技术 [M]. 哈尔滨：哈尔滨工业大学出版社，2007.

[8] 邹龙江. 近代材料分析方法实验教程 [M]. 大连：大连理工大学出版社，2013.

[9] 路文江，张建斌，王文焱. 材料分析方法实验教程 [M]. 北京：化学工业出版社，2013.

[10] 张寿禄. 电子背散射衍射技术及其应用 [J]. 电子显微镜学报，2002，21(5)：703-704.

第3章 透射电子显微分析

透射电子显微镜（transmission electron microscope，TEM）简称透射电镜，是把经加速和聚集的电子束投射到非常薄的样品上，电子与样品中的原子碰撞而改变方向，从而产生立体角散射。散射角的大小与样品的密度、厚度相关，因此可以形成明暗不同的影像，影像经放大、聚焦后在成像器件（如荧光屏、胶片、感光耦合组件等）上显示出来。使用透射电子显微镜可以用于观察样品的精细结构，特别是随着透射电子显微镜技术的发展和提高，甚至可以用于观察仅仅一列原子的结构，比光学显微镜所能够观察到的最小的结构小数万倍。通过使用透射电子显微镜不同的模式，能够获得物质晶体方向、电子结构、化学特性、电子相移等信息，使 TEM 在材料学、物理学、生物学、地质、石油等相关的许多科学领域发挥重要的作用，如材料科学以及纳米技术、癌症研究、病毒学、半导体研究等。

3.1 透射电子显微镜简介

3.1.1 透射电子显微分析发展简史

1931 年，德国学者 Knoll 和 Ruska 制造了第一个电子显微装置，但它还不是一个真正的电子显微镜，因为它没有样品台。到了 1932 年，Ruska 对上述装置进行了改进，世界上第一台电子显微镜问世，因此奠定了利用电子束研究物质微观结构的基础。目前第一部实际工作的 TEM 在德国慕尼黑的遗址博物馆展出（图 3.1）。

透射电子显微镜的发展史离不开电子。1946 年，Boersch 在研究电子与原子的相互作用时提出，原子会对电子波进行调制，改变电子的相位。他认为利用电子的相位变化，有可能观察到单个原子，分析固体中原子的排列方式。这一理论实际上成为现代实现高分辨电子显微分析方法的理论依据。

1947 年，德国科学家 Scherzer 提出，磁透镜的欠聚焦（即所谓的 Scherzer 最佳聚焦，而非通常的高斯正焦）能够补偿因透镜缺陷（球差）引起的相位差，从而可显著提高电子显微镜的空间分辨率。

图 3.1　第一部实际工作的 TEM

1956 年，英国剑桥大学的 Peter Hirsch 教授等不仅在如何制备对电子透明的超薄样品，并观察其中的结构缺陷的实验方法方面有所突破，更重要的是他们建立和完善了一整套薄晶体中结构缺陷的电子衍射动力学衬度理论。运用这套动力学衬度理论，他们成功解释了薄晶体中所观察到的结构缺陷的衬度像。因此 20 世纪 50～60 年代是电子显微学蓬勃发展的时期，成为电子显微学最重要的里程碑，实现了对晶体理论强度、位错的直接观察，这是 50～60 年代电子显微学的最大贡献。

1957 年，美国 Arizona 州立大学物理系的 Cowley 教授等利用物理光学方法来研究电子与固体的相互作用，并用所谓"多层法"计算相位衬度随样品厚度、欠焦量的变化，从而定量解释所观察到的相位衬度像，即所谓高分辨像。Cowley 教授建立和完善了高分辨电子显微学的理论基础。

20 世纪 70～80 年代，分析型电子显微技术兴起、发展，可在微米、纳米区域进行成分、结构等微分析。

1982 年，瑞士 IBM 公司的 G. Binning、H. Rohrer 等发明了扫描隧道显微镜（STM）。他们和电子显微镜的发明者 Ruska 一同获得 1986 年诺贝尔物理奖。

德国科学家利用计算机技术实现了对磁透镜进行球差矫正，可以实现零球差以及负球差，从而大大提高了透射电镜的空间分辨本领，目前的最高点分辨率可以达到 0.1nm。此外，通过在电子束照明光源上加装单色仪，可以大大提高电镜的能量分辨率，目前最高可以获得 70meV 的水平。

现在，通过计算机辅助修正，可以实现零或负值的球差系数，大大提高了透射电镜的空间分辨率，达到低于 0.1nm 的点分辨率。另外，通过单色仪等，可以使电子束的能力分辨率低于 0.1eV，大大提高了能量分辨能力。目前世界上生产和使用的透射电子显微镜主要有日本电子（JEOL）、日立（Hitachi）和美国 FEI。

3.1.2 透射电子显微镜的分辨率

光学显微镜的分辨率取决于照明光源的波长，在可见光波长范围，光学显微镜分辨率的极限为 200nm。1924 年，德布罗意（De Broglie）鉴于光的波粒二相性提出这样的假设：运动的实物粒子（静止质量不为零的那些粒子：电子、质子、中子等）都具有波动性质，后来被电子衍射实验所证实。运动电子具有波动性使人们想到可以用电子束作为电子显微镜的光源。对于运动速度为 v，质量为 m 的电子，其波长 λ 可根据德布罗意公式计算：

$$\lambda = h/(mv) \tag{3.1}$$

式中，h 为普朗克常数，6.626×10^{-34} J·s。

一个初速度为零的电子，在电场中从电位为零处开始运动，因受加速电压 V（阴极和阳极的电压差）的作用获得运动速度为 v，那么加速的每个电子（电子的电荷为 e）所做的功（eV）就是电子获得的全部动能，即：

$$eV = \frac{1}{2}mv^2$$

$$v = \sqrt{\frac{2eV}{m}} \tag{3.2}$$

加速电压比较低时（即电子运动速度较低时），电子运动的速度远小于光速，它的质量近似等于电子的静止质量，即 $m \approx m_0$，合并式(3.1)和式(3.2)得：

$$\lambda = \frac{h}{\sqrt{2m_0eV}} \tag{3.3}$$

把 $h = 6.626 \times 10^{-34} \mathrm{J \cdot s}$，$e = 1.60 \times 10^{-19} \mathrm{C}$，$m_0 = 9.11 \times 10^{-31} \mathrm{kg}$ 代入，得：

$$\lambda = \frac{1.225}{\sqrt{V}} \tag{3.4}$$

式中，λ 为电子波长，nm，V 为加速电压，V。

式（3.4）说明电子波长与其加速电压平方根成反比；加速电压越高，电子波长越短。

一般对于低于 $500\mathrm{eV}$ 的低能电子来说，用式（3.3）计算波长已足够准确，但透射电子显微镜的加速电压在 $80 \sim 300\mathrm{kV}$ 或更高，而超高压电子显微镜的电压在 $1000 \sim 2000\mathrm{kV}$。对于这样高的加速电压，上述近似不再满足，因此必须引入相对论校正，即：

$$m = \frac{m_0}{\sqrt{1 - \left(\dfrac{V}{c}\right)^2}} \tag{3.5}$$

式中，c 为光速。

表 3.1 中列出了不同加速电压下电子的波长。从表中可知，电子波长比可见光波长短得多。以电子显微镜中常用的 $80 \sim 200\mathrm{kV}$ 的电子波长来看，其波长仅为 $0.00418 \sim 0.00251\mathrm{nm}$，比可见光小 5 个数量级。

表 3.1 不同加速电压下的电子波长

加速电压/kV	电子波长/nm	加速电压/kV	电子波长/nm
80	0.00418	300	0.00197
100	0.00370	500	0.00142
200	0.00251	1000	0.00087

提高加速电压，缩短电子的波长，可提高显微镜的分辨本领；加速电子速度越高，对试样穿透的能力也越大，这样可放宽对试样减薄的要求。厚试样与近二维状态的薄试样相比，更接近三维的实际情况。加速电压与电子的穿透厚度的关系如图 3.2 所示。目前使用最多的是 200kV 和 300kV 的常规电子显微镜，加速电压再高的高压电子显微镜由于价格昂贵、体积庞大，使用的较少。

透射电子显微镜的实际分辨率通常有多种，主要有点分辨率和晶格分辨率。点分辨率即透射电子显微镜刚能分清的两个独立颗粒的间隙或中心距离；晶格分辨率与点分辨率不同，点分辨率就是实际分辨率，而测量晶格分辨率的晶格条纹像实际是晶面间距的比例图像。

3.2 电磁透镜的像差

透射电子显微镜中用磁场来使电子波聚焦成像的装置是电磁透镜。已知光学透镜分辨率约为光波波长的 1/2，但对于电磁透镜而言，其分辨率还远未达到波长的 1/2，电子显微镜的实际分辨率比理论值小了近 100 倍，分辨率达不到理论预期与用来聚焦电子束的磁透镜发

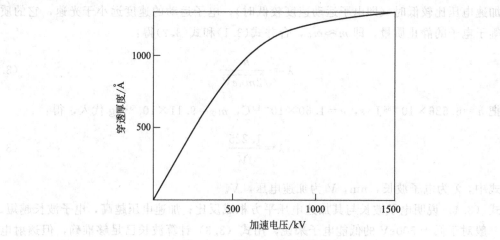

图 3.2　不锈钢穿透薄膜数据

展不完善有直接的关系，这是因为电磁透镜与光学透镜一样，除了衍射效应对分辨率的影响外，像差使得分辨率难以提高。目前，电磁透镜的像差主要有几何像差和色差两种（图 3.3）。

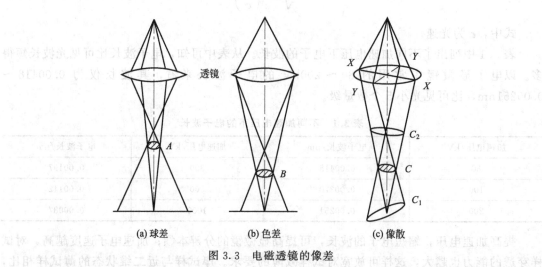

| (a) 球差 | (b) 色差 | (c) 像散 |

图 3.3　电磁透镜的像差

3.2.1　几何像差

几何像差（geometrical aberration）是因为透镜磁场几何形状上的缺陷而造成的，主要包括球差和像散。

（1）球差　球差（spherical aberration）即球面像差，是因为电磁透镜近轴区磁场和远轴区磁场对电子束的折射能力不同而产生的，其中离开透镜主轴较远的电子（远轴电子）比主轴附近的电子（近轴电子）折射程度更大（图 3.4）。

当物点通过透镜成像时，使得会聚点延伸在一定长度上，而不是会聚在一点上，从而影响了显微镜的分辨率。在这个距离上存在着一个最小的散焦斑，如图 3.4 中标识的最小散焦圆斑（半径用 R_s 表示），若用 Δr_s 来表示球差大小的量，就是说，物平面上两点距离小于 $2\Delta r_s$ 时，则该透镜不能分辨。Δr_s 可通过下式计算：

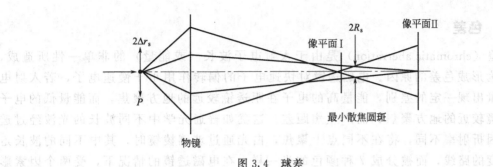

图 3.4 球差

$$\Delta r_{s} = \frac{1}{4} C_{s} \alpha^{3} \tag{3.6}$$

式中，C_s 为球差系数；α 为孔径半角。为了减小 r_s 值，可以通过减小 C_s 值和缩小孔径角来实现，由于球差和孔径半角成三次方的关系，所以用小孔径角成像时，可使球差明显减小。

在 20 世纪 40 年代由于兼顾电磁透镜的衍射和球差，电子显微镜的理论分辨率约为 0.5nm。1990 年 Rose 提出用六极校正器校正透镜像差得到无像差电子光学系统的方法。最终在 CM200ST 场发射枪 200kV 透射电子显微镜上增加了这种六极校正器，研制成世界上第一台像差校正电子显微镜，这台像差校正电子显微镜上 C_s 减少至 0.5mm。现代物镜可获得的 C_s 大约为 0.3mm，α 大约为 10^{-3}rad，对应的分辨率为 0.2nm。

（2）像散 由于电磁透镜的周向磁场不对称引起像散（astigmation），如图 3.3（c）和图 3.5。图 3.3（c）中，在 XX 方向上电子聚焦的能力弱，而在 YY 方向上的聚焦能力强。在 C_1 处 XX 方向上的电子聚成一点，而在 YY 方向电子却散开形成狭长的光斑。同样，在 YY 聚焦的 C_2 截面上也形成狭长的光斑。这种非旋转性对称使它在不同方向上的聚焦能力出现差别，结果使成像物点通过透镜后不能在像平面上聚焦成一点（图 3.5）。用 Δr_A 来表示像散的大小，可通过下式计算：

$$\Delta r_{A} = \Delta f_{A} \alpha \tag{3.7}$$

式中，Δf_A 为像散焦距差。透镜制造精度差、极靴内孔不圆、上下极靴不同轴、极靴物质磁性不均匀、极靴或光阑的污染都能导致像散。一般在电镜中附有消像散器调节强度和方位来进行补偿，在操作中可随时按需要来校正像散。

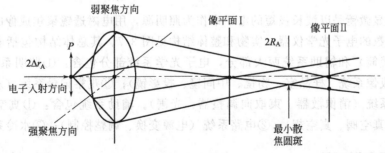

图 3.5 像散

3.2.2 色差

色差（chromatic aberration）是由于入射电子波长（或能量）的非单一性所造成，图 3.6 为形成色差的原因。电磁透镜对快速电子的偏转作用小于慢速电子，若入射电子的能量出现一定的差别，能量高的电子在距透镜较远的地方聚焦，而能量低的电子在距透镜较近的地方聚焦，而产生焦距差。这犹如普通光学中不同波长的光波经过透镜时，因折射率不同，将在不同点上聚焦，白光通过玻璃棱镜时，其中不同的波长走不通角度的路线，而被分成 7 种颜色的光一样。在电磁透镜的情况下，受两个因素影响：一是由于加速电压微小波动而导致电子速度变化，产生了"杂色光"；二是由于透镜本身的线圈存在激磁电流的微小波动，也导致聚焦能力的变化。电磁透镜中最小散焦斑半径用 Δr_c 表示，可通过下式计算：

$$\Delta r_c = C_c \alpha \left| \frac{\Delta E}{E} \right| \tag{3.8}$$

式中，C_c 为色差系数；$\left| \dfrac{\Delta E}{E} \right|$ 为电子束能量变化率。当 C_c 和 α 孔径角一定时，$\left| \dfrac{\Delta E}{E} \right|$ 的数值取决于加速电压的稳定性和电子穿过样品时发生非弹性散射的程度。因此，采取稳定加速电压的方法可以有效地减小色差。

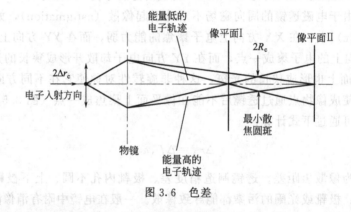

图 3.6 色差

3.3 透射电子显微镜的结构与成像原理

透射电子显微镜是以波长极短的电子束作为照明源，用电磁透镜聚焦成像的一种高分辨率、高放大倍数的电子光学仪器，实物和整体结构见图 3.7。其总体结构包括电子光学系统（也叫镜体或镜筒）和辅助系统两大部分，电子光学系统部分包含：①照明系统（电子枪、聚光镜）；②成像系统（样品室、物镜、中间镜、投影镜）；③观察记录系统（观察室、照相室）；④调校系统（消像散器、束取向调整器、光阑）。辅助系统包含：①真空系统（机械泵、扩散泵、真空阀、真空规）；②电路系统（电源变换、调整控制）；③水冷系统。

3.3.1 电子光学系统

电子光学系统是透射电子显微镜的核心，其光路原理与透射光学显微镜十分相似（如图

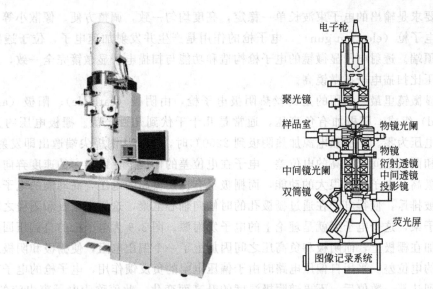

图 3.7　透射电子显微镜实物（JEM-2100F）及整体结构

3.8 所示）。在实际情况下无论是光镜还是电镜，其内部结构都比较复杂，聚光镜、物镜和投影镜为光路中的主要透镜，在设计电镜时为达到所需的放大率、减少畸变和降低像差，又常在投影镜之上增加 1～2 级中间镜。

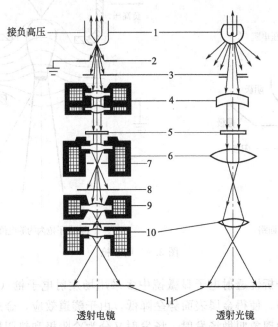

图 3.8　透射电镜和透射光镜构造原理和光路

1—照明源；2—阳极；3—光阑；4—聚光镜；5—样品；6—物镜；
7—物镜光阑；8—选区光阑；9—中间镜；10—投影镜；11—荧光屏或底片

3.3.1.1　照明系统

照明系统由包括电子枪和聚光镜 2 个主要部件，以及相应的平移对中、倾斜调节装置组成（在调校系统中叙述）。其功用主要在于向样品及成像系统提供亮度足够的照明源，对电子束流的要求是输出的电子束波长单一稳定，亮度均匀一致，调整方便，像散小等。

（1）电子枪（electron gun）　电子枪的作用是产生并发射加速电子，位于透射电子显微镜的最顶端。透射电子显微镜的电子枪构造和功能与扫描电子显微镜完全一致，所不同的是加速电压比扫描电子显微镜高。

电子显微镜里最早使用的是钨丝热阴极电子枪，由阴极（cathode）、阳极（anode）和栅极（grid）组成。阴极加有负高压，通常是几十千伏到几百千伏。栅极电压约为负几百伏，阳极电压为零。当加热电源加热阴极到 2200℃时，电子从阴极尖端逸出即发射热电子。因为阴极和阳极之间有很高的电位差，电子在电位差的作用下，以极大的速度奔向阳极。由于电位差极高，电子具有很大的动能，而栅极具有比阴极高的电压，高动能的电子在靠近栅极的时候被排斥，使得电子在通过栅极孔的时候向轴心汇聚，这样在栅极和阳极之间形成一个汇聚电子束，这个电子束就是理论上的电子发射源。图 3.9 为电子枪的自偏压回路，负的高压直接加在栅极上，而阴极和负高压之间因加上了一个偏压电阻，使栅极和阴极之间有一个数百伏的电位差。采用自偏压电路时由于偏压电阻的负反馈作用，电子枪的电子束电流在阴极温度到达某一数值后，不再随阴极温度的升高而变化，此值称为电子束电流的饱和值，确保了电子束电流的稳定。

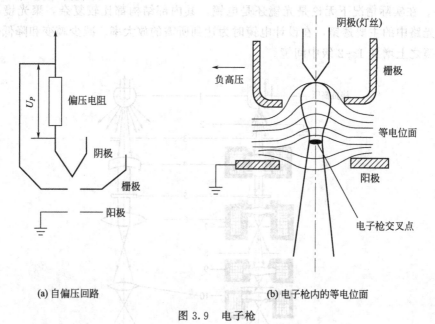

(a) 自偏压回路　　　　　　　　　(b) 电子枪内的等电位面

图 3.9　电子枪

目前，在高性能分析性透射电子显微镜中多采用场发射电子枪（FEG）（图 3.10），在金属表面加一个强电场，使得金属表面势垒降低，由于隧道效应，金属内部的电子穿过势垒从金属表面逸出，这种现象叫做场发射。场发射又分为冷阴极和热阴极，通常使用的是热场发射。冷阴极 FEG 将钨（310）晶面作为发射极，不需加热而在室温下使用；热阴极 FEG 将钨（100）晶面作为发射极，将发射极加热到比热发射低的温度（1600～1800K）使用。但这需要超高电压和超高真空为工作条件，它工作时要求真空度达 10^{-7} Pa，热损耗极小，使用寿命可达 1000h，且电子束斑的光点更为尖细。

（2）聚光镜　聚光镜用来会聚电子枪射出的电子束，它处在电子枪的下方，一般由 2～3 级组成，从上至下依次称为第 1、第 2 聚光镜（以 C_1 和 C_2 表示，见图 3.11）。电镜中设置聚光镜的用途是将电子枪发射出来的电子束流会聚成亮度均匀且照射范围可调的光斑，投射在下面的样品上。C_1 和 C_2 的结构相似，但极靴形状和工作电流不同，所以形成的磁场强度也不相同。C_1 为强磁场透镜，C_2 为弱磁场透镜，各级聚光镜组合在一起使用，调节照明束斑的直径大小，可以在样品平面上获得 $\phi 2 \sim 10\mu m$ 的照明电子束斑，从而改变了照明亮度的强弱，在电镜操纵面板上一般都设有对应的调节

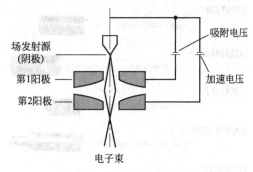

图 3.10　场发射电子枪原理

旋钮。C_1、C_2 的工作原理是通过改变聚光透镜线圈中的电流，来达到改变透镜所形成的磁场强度的变化，磁场强度的变化（亦即折射率发生变化）能使电子束的会聚点上下移动，在样品表面上电子束斑会聚得越小，能量越集中，亮度也越大；反之束斑发散，照射区域变大则亮度就减小。

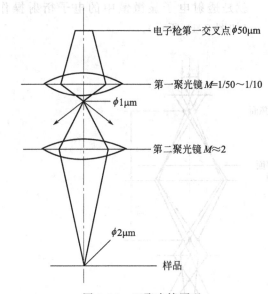

图 3.11　双聚光镜原理

3.3.1.2　成像系统

成像系统主要由样品室、物镜、中间镜和投影镜组成。

（1）样品室（specimen Chamber）　样品室是放样品的地方，处在聚光镜之下，内有载放样品的样品台。样品室的上下电子束通道各设了一个真空阀，用以在更换样品时切断电子束通道，只破坏样品室内的真空，而不影响整个镜筒内的真空，这样在更换样品后样品室又抽回真空时，可节省许多时间。当样品室的真空度与镜筒内达到平衡时，再重新开启与镜筒相通的真空阀。透射电子显微镜常见的样品台是侧插式样品台，样品台制成杆状，样品网载放在前端，只能盛放 $1 \sim 2$ 个铜网（如图 3.12 所示）。样品台的体积小，所占空间也小，可以设置在物镜内部的上半端，有利于电镜分辨率的提高。另外，样品台必须能做水平面上 X、Y 方向的移动，以选择、移动观察视野，相对应地配备了 2 个操纵杆或者旋转手轮，这是一个精密的调节机构，每一个操纵杆旋转 10 圈时，样品台才能沿着某个方向移动 $3mm$ 左右。

（2）物镜（objective lens）　物镜处于样品室下方，紧贴样品台，是电镜中的第一个成像元件，在物镜上产生哪怕是极微小的误差，都会经过多级高倍率放大而明显地暴露出来，所以这是电镜的一个最重要部件，决定了一台电镜的分辨本领。

物镜是强励磁短焦距透镜（$f = 1 \sim 3mm$），其放大倍数较高，一般为 $100 \sim 300$ 倍。它的作用是进行初步成像放大，改变物镜的工作电流，可以起到调节焦距的作用。物镜的分辨率主要取决于极靴的形状和加工精度。一般来说，极靴的内孔和上下极靴之间的距离越小，物镜的分辨率越高。

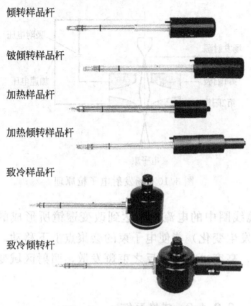

倾转样品杆

铍倾转样品杆

加热样品杆

加热倾转样品杆

致冷样品杆

致冷倾转杆

图 3.12 常用样品杆外观

（3）中间镜（intermediate lens） 中间镜是弱励磁长焦距透镜，位于物镜和投影镜之间，放大倍数可在 0～20 倍范围内调节，极靴内孔较大。

中间镜在成像系统中有两个重要作用：一是控制透射电子显微镜总的放大倍数，通过调整中间镜的放大倍数是大于还是小于 1 来控制透射电子显微镜成高倍像或低倍像；二是控制成像系统选择放大形貌或衍射谱，如果把中间镜的物平面和物镜的像平面重合，则在荧光屏上得到一幅放大像，这就是电子显微镜中的成像操作，如果把中间镜的物平面和物镜的背焦面重合，则在荧光屏上得到一幅电子衍射花样，这就是透射电子显微镜中的电子衍射操作（如图 3.13 所示）。

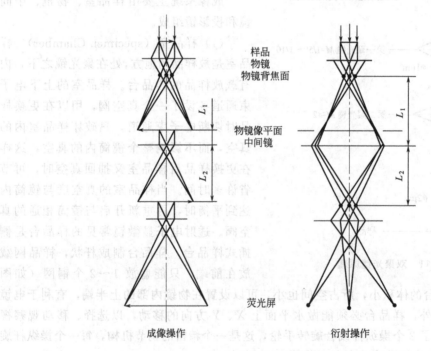

样品
物镜
物镜背焦面

L_1

物镜像平面
中间镜

L_2

荧光屏

成像操作   衍射操作

图 3.13 成像系统光路

（4）投影镜（projector lens） 投影镜是一个短焦距的强励磁透镜，它的作用是把经中间镜放大（或缩小）的像（或电子衍射花样）进一步放大到荧光屏上，形成最终放大的电子像及衍射谱。投影镜的励磁电流是固定的，因为成像电子束进入投影镜时孔径角很小，因此它的景深和焦长都非常大，即使改变中间镜的放大倍数，使透射电子显微镜的总放大倍数有很大变化，也不会影响图像的清晰度。目前，高性能的透射电子显微镜大都采用 5 级透镜放大，即中间镜和投影镜有两级，分第一中间镜和第二中间镜，第一投影镜和第二投影镜。因此，透射电子显微镜总放大率：

$$M = M_O M_{I1} M_{I2} M_{P1} M_{P2} \tag{3.9}$$

即为物镜、中间镜和投影镜的各自放大率之积。

3.3.1.3 观察记录系统

透射电子显微镜最终成像结果是显现在观察室内的荧光屏上的，观察室处于投影镜下，空间较大，开有 1～3 个铅玻璃窗，可供操作者从外部观察分析用。对铅玻璃的要求是既有良好的透光特性，又能阻断 X 线散射和其他有害射线的逸出，还要能可靠地耐受极高的压力差以隔离真空。由于电子束的成像波长太短，不能被人的眼睛直接观察，电子显微镜中采用了涂有荧光物质的荧光屏板把接收到的电子影像转换成可见光的影像。除此之外，还配有用于单独聚焦的小荧光屏和 5～10 倍的双目镜光学显微镜。在荧光屏下面放置一个可以自动换片的照相暗盒，照相时只要把荧光屏掀开，电子束就可以使照相底片曝光。

现代透射电子显微镜常使用 CCD（charge-coupled device）相机，这种数字成像技术可将电子显微图像（或电子衍射花样）直接接到计算机的显示器上，便于图像观察和存储。

3.3.1.4 调校系统

（1）消像散器（stigmators） 消像散器的作用是产生一个附加的弱磁场，用来消除或减小透镜磁场的非轴对称性。

早期电镜中曾采用过机械式消像散器，利用手动机械装置来调整电磁透镜周围的小磁铁组成的消像散器，来改变透镜磁场分布的缺陷。但由于调整的精确性和使用的方便性均难令人满意，现在这种方式已被淘汰。目前的消像散器由围绕光轴对称环状均匀分布的 8 个小电磁线圈构成（如图 3.14 所示），用以消除（或减小）电磁透镜因材料、加工、污染等因素造成的像散。其中每 4 个互相垂直的线圈为 1 组，在任一直径方向上的 2 个线圈产生的磁场方向相反，用 2 组控制电路来分别调节这 2 组线圈中的直流电流的大小和方向，即能产生 1 个强度和方向可变的合成磁场，以补

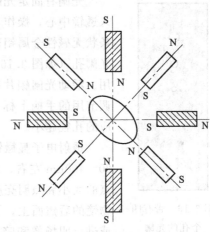

图 3.14　电磁式消像散器示意及原理

偿透镜中所原有的不均匀磁场缺陷（图 3.14 中椭圆形实线），以达到消除或降低轴上像散的效果。消像散器一般都安装在透镜的上下极靴之间。

（2）束取向调整器及合轴 最理想的电镜工作状态，应该是使电子枪、各级透镜与荧光屏中心的轴线绝对重合。但这是很难达到的，它们的空间几何位置多多少少会存在着一些偏差，轻者使电子束的运行发生偏离和倾斜，影响分辨力；稍微严重时会使电镜无法成像甚至不能出光（电子束严重偏离中轴，不能射到荧光屏面）。为此电镜采取的对应弥补调整方法为机械合轴加电气合轴的操作。

束取向调整器分枪（电子枪）平移、倾斜和束（电子束）平移、倾斜线圈两部分。前者用以调整电子枪发射出电子束的水平位置和倾斜角度；后者用以对聚光镜通道中电子束的调整。均为在照明光路中加装的小型电磁线圈，改变线圈产生的磁场强度和方向，可以推动电

子束做细微的移位动作。图 3.15 为电子束平移和倾斜的原理。

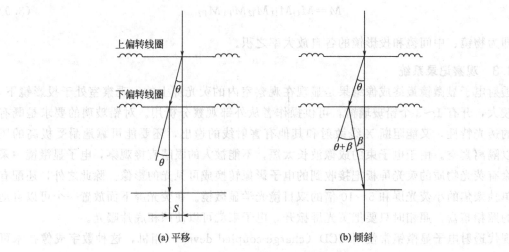

(a) 平移　　　　　　　　　　(b) 倾斜

图 3.15　电子束平移和倾斜的原理

(3) 光阑　如前所述，为限制电子束的散射，更有效地利用近轴光线，消除球差、提高成像质量和反差，电镜光学通道上多处加有光阑，以遮挡旁轴光线及散射光。

图 3.16　带有四个孔的光阑

光阑有固定光阑和活动光阑 2 种，固定光阑为管状无磁金属物，嵌入透镜中心，操作者无法调整（如聚光镜固定光阑）。活动光阑是用长条状无磁性金属钼薄片制成，上面纵向等距离排列有几个大小不同的光阑孔（如图 3.16 所示），直径从数十到数百个微米不等，以供选择使用。活动光阑钼片被安装在调节手柄的前端，处于光路的中心，可供调节用的手柄上标有 1 号、2 号、3 号、4 号定位标记，号数越大，对应的孔径越小。

透射电子显微镜上典型的活动光阑有：① 聚光镜 C_2 光阑，孔径在 $20\sim400\mu m$ 左右，用于限制照射孔径角，光阑孔的变换会影响光束斑点的大小和照明亮度；② 物镜光阑，又称为衬度光阑，通常被安放在物镜的后焦面上，孔径在 $20\sim120\mu m$ 左右，用来显著改变成像反差，或进行明场像和暗场像操作，或减小像差；③中间镜光阑，也称选区衍射光阑，使电子束只能通过光阑孔限定的微区，孔径为 $20\sim120\mu m$ 左右，通常位于物镜的像平面位置，应用于衍射成像等特殊的观察之中。

3.3.2　辅助系统

(1) 真空系统　电子在大气下的平均自由程很小，要使用电子作为光源从电子枪一直运动到荧光屏，要求最低真空至少 0.133Pa，再者提高光源的寿命也要求高真空（见表 3.2）。

表 3.2　不同灯丝对真空度的要求

灯丝类别	真空度/Pa
热阴极钨丝	$\geqslant1.33\times10^{-2}$
LaB_6 灯丝	$\geqslant1.33\times10^{-5}$
场发射灯丝	$\geqslant1.33\times10^{-8}$

透射电子显微镜镜筒内的电子束通道对真空度要求很高,工作时必须保持在 10^{-3} Pa 以上的真空度(高性能的电镜对真空度的要求更达 10^{-7} Pa 以上),因为镜筒中的残留气体分子如果与高速电子碰撞,就会产生电离放电和散射电子,从而引起电子束不稳定,增加像差,污染样品,并且残留气体将加速高热灯丝的氧化,缩短灯丝寿命。根据不同真空度的要求,透射电子显微镜中使用的真空泵及抽取真空的范围见表 3.3。

表 3.3 不同真空泵及抽取真空范围

真空泵种类	真空范围/Pa
机械泵(mechanical pump)	$10^{-1} \sim 10^{-2}$
扩散泵(diffusion pump)	$10^{-1} \sim 10^{-8}$
涡轮分子泵(turbomolecular pump)	$10^{-7} \sim 10^{-9}$
离子泵(ion pump)	$10^{-7} \sim 10^{-9}$
低温吸气泵(cryogetter pump)	$10^{-2} \sim 10^{-13}$

(2)电路系统 电路控制系统是保证透射电子显微镜所有用电的供电装置,镜体和辅助系统中的各种电路都需要工作电源,且因性质和用途不同,对电源的电压、电流和稳压度也有不同的要求,主要分为高压电源和低压电源。高压电源供电给电子枪,使电子加速。低压电源负责给阴极加热,使其发射电子;供电给电磁透镜,使电子束会聚成像;还供电给真空系统以及各种指示灯。

(3)水冷系统 水冷系统是由许多曲折迂回、密布在镜筒中的各级电磁透镜、扩散泵、电路中大功率发热元件之中的管道组成。外接水制冷循环装置,为保证水冷充分(10~25℃之间,不可过高或过低)、充足、可靠,在冷却水管道的出口,装有水压探测器,在水压不足时既能报警,又能通过控制电路切断镜体电源,以保证电镜在正常工作时不因为过热而发生故障。特别要注意的是,水冷系统的工作要开始于电镜开启之前,结束于电镜关闭 20min 以后。

3.3.3 透射电子显微镜成像原理

透射电子显微镜的总体工作原理是:由电子枪发射出来的电子束在加速电压的作用下,在真空通道中沿着光轴穿过聚光镜,被聚光镜会聚成一束尖细、明亮而又均匀的光斑,照射在样品室内的样品上;透过样品后的电子束携带有样品内部的结构信息,样品内致密处透过的电子量少,稀疏处透过的电子量多;经过物镜的会聚调焦和初级放大后,形成第一幅反映样品微观特征的电子像;然后电子束进入下级的中间透镜和投影镜进行综合放大成像,最终被放大了的电子影像投射到荧光屏上;荧光屏将电子影像转化为可见光影像以供使用者观察,或由照相底片感光记录,或用 CCD 相机拍照,从而得到一幅具有一定衬度的高放大倍数的图像。

3.4 电子衍射

电子衍射的原理和 X 射线衍射相似,是以满足(或基本满足)布拉格方程作为产生衍射的必要条件。在透射电子显微镜的衍射花样中,对于不同的试样,采用不同的衍射方式时,可以观察到多种形式的衍射结果。如单晶电子衍射花样、多晶电子衍射花样、非晶电子衍射花样、会聚束电子衍射花样、菊池花样等。而且由于晶体本身的结构特点也会在电子衍射花样中体现出来,如有序相的电子衍射花样会具有其本身的特点,另外,由于二次衍射等会使电子衍射花样变得更加复杂。常见的几种电子衍射谱（图3.17）：单晶（规则排列的亮点）、多晶（同心光圈）、非晶（一个大光斑）等。

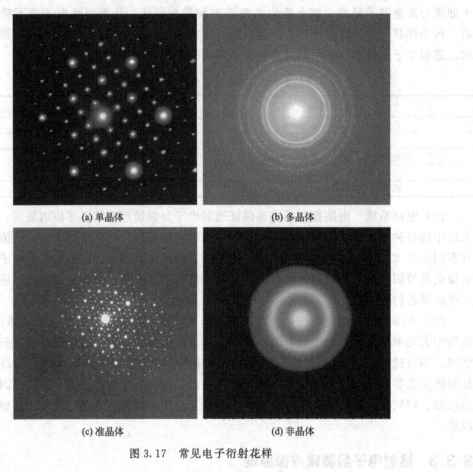

(a) 单晶体　　　　　　　　　　　　(b) 多晶体

(c) 准晶体　　　　　　　　　　　　(d) 非晶体

图 3.17　常见电子衍射花样

3.4.1　电子衍射基本原理

由 X 射线衍射原理已经知道了布拉格方程的一般形式，且可以推出，这说明对于给定的晶体样品，只有当入射波长足够短时，才能产生衍射。通常的透射电子显微镜的加速电压为 $100\sim200\mathrm{kV}$，即电子波的波长为 $10^{-3}\mathrm{nm}$ 数量级，而常见晶体的晶面间距为 $10^{-1}\mathrm{nm}$ 数量级，因此，电子衍射的衍射角总是非常小的。这也是它的花样区别于 X 射线衍射的主要原因。

在第 1 章已了解了倒易点阵，而电子衍射操作就是把倒易点阵的图像进行空间转换并在正空间中记录下来，用底片记录下来的图像称之为衍射花样。导出电子衍射基本公式的爱瓦尔德图解如图 3.18 所示。设单晶薄膜样品中 (hkl) 面满足衍射必要条件，即其相应倒易点 g_{hkl} 与反射球相交。(hkl) 面衍射线（k' 方向）与感光平面（照相底片或荧光屏）交于 G' 点，G' 即为衍射斑点（以 hkl 命名）。透射束（又称零级衍射）与感光平面交于 O' 点，O' 称为透射斑或衍射花样的中心斑点。设样品至感光平面的距离为 L（可称为相机长度），O' 与 G' 的距离为 R。

$$\tan2\theta = R/L \tag{3.10}$$

式中，2θ 为电子衍射的衍射角，由于 θ 很小，故 $\tan 2\theta \approx 2\sin\theta$，因此式（3.10）可近似写为

$$\sin 2\theta = R/L \qquad (3.11)$$

将式（3.11）代入布拉格方程 $2d\sin\theta = \lambda$，得

$$\lambda/d = R/L \qquad (3.12)$$

即

$$Rd = \lambda L \qquad (3.13)$$

式中，d 为衍射晶面的晶面间距，nm；λ 为入射电子波长，nm。

式（3.13）即为电子衍射基本公式（式中 R 与 L 以 mm 计）。当加速电压一定时，电子波长 λ 值恒定，则 $\lambda L = C$（C 为一常数，称为相机常数）。故式（3.13）可改写为：

$$Rd = C \qquad (3.14)$$

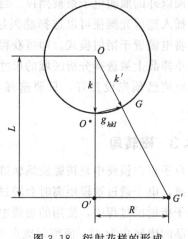

图 3.18 衍射花样的形成及衍射基本公式图解

按 $g = 1/d$ [g 为 (hkl) 面倒易矢量，g 即 $|g|$]，式（3.14）又可改写为：

$$R = Cg \qquad (3.15)$$

由于电子衍射 2θ 很小，$\boldsymbol{g}$ 与 $\boldsymbol{R}$ 近似平行，故按式（3.15），近似有

$$\boldsymbol{R} = C\boldsymbol{g} \qquad (3.16)$$

式（3.16）可视为电子衍射基本公式的矢量表达式。由式（3.16）可知，$\boldsymbol{R}$ 与 $\boldsymbol{g}$ 相比，只是放大 C 倍。这表明，单晶电子衍射花样是所有与反射球相交的倒易点的放大像。需要注意的是，由于电子衍射基本公式的导出进行了近似处理，因而应用此公式得出的相关结论具有一定的误差或近似性。

3.4.2 选区电子衍射

透射电子显微镜可以做多种电子衍射，如选区电子衍射、会聚束电子衍射以及微衍射。

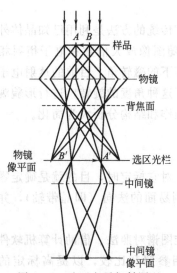

图 3.19 选区电子衍射原理

透射电子显微镜可以同时显示形貌图像和分析晶体结构，通常采用所谓"选区电子衍射（selected area electron diffraction）"的方法，有选择地分析样品不同微区范围内的晶体结构特性。图 3.19 所示为选区电子衍射的原理。入射电子束通过样品后，透射束和衍射束将会集到物镜的背焦面上形成衍射花样，然后各斑点经干涉后重新在像平面上成像。选区电子衍射的基本思路是在透射电子显微镜所观察的区域内选择一个小区域，然后只对这个所选择的小区域做电子衍射，从而得到有用的晶体学数据，如微小沉淀相的结构和取向、各种晶体缺陷的几何特征及晶体学特征，选区电子衍射方法在物相鉴定及衍衬图像分析中用途广泛。

选区电子衍射是通过在物镜平面上插入选区光阑实现的。其作用如同在样品所在平面内插入一虚光阑，使

虚光阑以外的照明电子束被挡掉。当电镜在成像模式时，中间镜的物平面与物镜的像平面重合，插入选区光阑便可以选择感兴趣的区域。调节中间镜电流使其物平面与物镜背焦面重合，将电镜置于衍射模式，即可获得与所选区域对应的电子衍射谱。选取小孔径选区光阑可以缩小样品上被选择分析区域的尺寸。在透射电子显微镜中，产生图像模式和衍射模式的中间镜电流已预先设置好，只要选择相应的按钮，就可以方便地从一个模式切换到另一个模式。

3.4.3 磁转角

电子束在镜筒中是按螺旋线轨迹前进的（图 3.20），衍射斑点到物镜的一次像之间有一段距离，电子通过这段距离时会转过一定的角度，这就是磁转角 ϕ。由于在电镜中成像和形成电子衍射的过程中，使用的透镜电流强度不同，图像在镜体中旋转的角度不同。若图像对于样品的磁转角为 ϕ_i，而衍射斑点相对于样品的磁转角为 ϕ_d，则衍射斑点相对于图像的磁转角为 $\phi = \phi_i - \phi_d$。

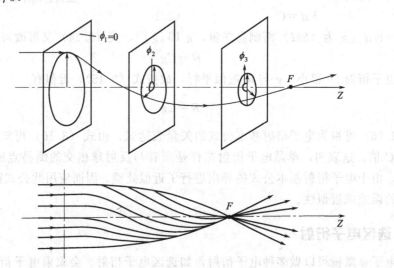

图 3.20　电磁透镜聚焦原理

使用旧型号的电镜时，会产生图像与衍射方向的旋转，传统的方法是利用已知晶体外形的 MoO_3 薄片单晶体对磁转角进行标定。而且因为磁转角随图像放大倍数和电子衍射相机长度的变化而变化，故需标定不同放大倍数和不同相机长度下的磁转角。目前的透射电子显微镜安装有磁转角自动补正装置，在仪器设计上已经克服了这种角度的旋转，进行形貌观察和衍射花样对照分析时可不必考虑磁转角的影响，从而使操作和结构分析大为简化。

3.4.4 单晶体电子衍射花样标定

单晶电子衍射谱实际上是倒空间中的一个零层倒易面，对它标定时，目的就是确定零层倒易面上各 g_{hkl} 矢量端点（倒易点阵）的指数，定出零层倒易面的法向（即晶带轴），并确定样品的点阵类型、物相和位向。

电子衍射谱的标定方法主要有：计算法、查表法、标准图谱对照法、借助计算机软件标定等。在标定的过程中，通常是几种方法同时使用，互相参照和比较，以提高标定的准确性。

（1）标准花样对照法　这种方法只适用于简单立方、面心立方、体心立方和密排六方的低指数晶带轴。因为这些晶系的低指数晶带的标准花样可以查到（详见附录1），如果得到的衍射花样跟标准花样完全一致，则基本上可以确定该花样。不过需要注意的是，通过标准花样对照法标定的花样，标定完了以后，一定要验算它的相机常数，因为标准花样给出的只是花样的比例关系，而对于有的物相，某些较高指数花样在形状上与某些低指数花样十分相似，但是由两者算出来的相机常数会相差很远。所以即使知道该晶体的结构，在对比时仍然要小心。立方和六方晶体可能出现的反射见附录2。

（2）晶体结构已知的单晶电子衍射花样的标定

① 尝试校核法。测量出透射斑到各衍射斑的距离（图 3.21），根据衍射基本公式和相机常数求出与各衍射斑对应的晶面间距，确定其可能的晶面指数；测量各衍射斑点之间的夹角；确定离开中心斑点最近的衍射斑的晶面指数，然后用尝试的办法选择第二个衍射斑的晶面指数，两个晶面之间夹角应该自恰（符合夹角公式）；然后根据矢量运算得到其他衍射斑的晶面指数，看它们的晶面间距和彼此之间的夹角是否自恰，如果不能自恰，则改变第二个矢径的晶面指数，直到它们全部自恰为止；由衍射花样中任意两个不共线的晶面叉乘，即可得出衍射花样的晶带轴指数。

尝试校核法应该注意的问题：对于立方晶系、四方晶系和正交晶系来说，它们的晶面间距可以用其指数的平方来表示，因此对于间距一定的晶面来说，其指数的正负号可以随意。但是在标定时，只有第一个斑点是可以随意取值的，从第二个开始，就要考虑它们之间角度的自恰；同时还要考虑它们的矢量相加减以后，得到的晶面指数也要与其晶面间距自恰，同时角度也要保证自恰。

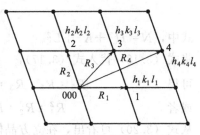

图 3.21　单晶电子衍射花样的标定

② 查表法（比值法）-1。选择一个由斑点构成的平行四边形，要求这个平行四边形是由最短的两个邻边组成，测量透射斑到衍射斑的最小和次小矢量的长度和两个矢量之间的夹角 R_1、R_2、θ；根据矢量长度的比值 R_1/R_2 和 θ 角查表，在与此物相对应的表格中查找与其匹配的晶带花样；按表上的结果标定电子衍射花样，算出与衍射斑点对应的晶面的面间距，将其与矢径的长度相乘，看它等不等于相机常数（这一步非常重要）；由衍射花样中任意两个不共线的晶面叉乘，验算晶带轴是否正确。

③ 查表法（比值法）-2。测量透射斑到衍射斑的最小、次小和第三小矢量的长度 R_1、R_2、R_3；根据矢量长度的比值 R_2/R_1 和 R_3/R_1 查表，在与此物相对应的表格中查找与其匹配的晶带花样；按表上的结果标定电子衍射花样，算出与衍射斑点对应的晶面的面间距，将其与矢量的长度相乘，看它等不等于相机常数（这一步非常重要）；由衍射花样中任意两个不共线的晶面叉乘，验算晶带轴是否正确。之所以有两种不同的查表法，是因为有两种不同的表格，它们的查询方法和原理基本上是一致的。

目前有很多软件能够进行一个已知结构的电子衍射谱的计算，根据程序要求输入初始值，一般程序需要的已知条件为晶格参数、点阵类型、晶系，计算出可能的电子衍射谱，将测量谱与计算谱对比，如果各个值都吻合的很好，那么计算结果就会直接显示标定结果。

（3）晶体结构未知的单晶电子衍射花样标定　测定低指数斑点的 R 值，此时应在几个不同的方位拍摄电子衍射花样，以确保能测出最前面的 8 个值；根据 R 值计算出各个 d 值；

查 PDF 卡片和各 d 值都符合的物相即为待测的晶体，要根据待测晶体的其他资料来排除不可能出现的物相。

3.4.5　多晶体电子衍射花样标定

在做电子衍射时，如果试样中晶粒尺度非常小，那么即使做选区电子衍射时，参与衍射的晶粒数将会非常多，这些晶粒取向各异，与多晶 X 射线衍射类似，衍射球与反射球相交会得到一系列的衍射圆环。由于电子衍射时角度很小，透射束与反射球相交的地方近似为一个平面，再加上倒易点扩展成倒易球，多晶衍射花样将会是一个同心衍射圆环。

圆环的半径可以用下式来计算：$R = L\lambda/d$。对同一个衍射花样，$L\lambda$ 是一个定值，所以

$$R_1 : R_2 : \cdots : R_j : \cdots = \frac{1}{d_1} : \frac{1}{d_2} : \cdots : \frac{1}{d_j} : \cdots \tag{3.17}$$

建立了多晶环半径 R 的比值与各种晶体结构的晶面间距 d 的比例关系。

例如，对于立方晶系，晶面间距与晶面指数的关系为

$$d = \frac{a}{\sqrt{H^2 + K^2 + L^2}} = \frac{a}{\sqrt{N}} \tag{3.18}$$

式中，$N = H^2 + K^2 + L^2$。

将式（3.18）代入式（3.17），

可得

$$R_1 : R_2 : R_3 : \cdots = \sqrt{N_1} : \sqrt{N_2} : \sqrt{N_3} : \cdots \tag{3.19}$$

或者

$$R_1^2 : R_2^2 : R_3^2 : \cdots = N_1 : N_2 : N_3 : \cdots \tag{3.20}$$

从式（3.20）可看出，在立方晶体多晶电子衍射花样中，各个环半径的平方一定满足整数的比例关系。但是，在第 1 章已知各种不同的点阵由于消光规律的限制，N 的比值是有差别的（见表 3.4）。如此多晶电子衍射花样的指数化将不太困难。

表 3.4　不同晶体类型多晶电子衍射花样中 N 的比值

晶体类型		N 的取值
立方晶系	面心	3 : 4 : 8 : 11 : 12 : 16 : 19 : 20…
	体心	2 : 4 : 6 : 8 : 10 : 12 : 14…
	简单	1 : 2 : 3 : 4 : 5 : 6 : 8 : 9…（注意 N 不能为 7、15 等）
	金刚石	3 : 8 : 11 : 16 : 19 : 24…
四方晶系	若 $L=0$	1 : 2 : 4 : 5 : 8 : 9 : 10 : 13 : 16 : 17 : 18…
六方晶系	若 $L=0$	1 : 3 : 4 : 7 : 9 : 12 : 13 : 16 : 21…

3.5　透射电子显微镜衬度原理

透射电子显微镜除了能成不同的衍射像外，其另外一个主要成像种类是形貌像。由于试样的不同区域对电子的散射能力不同，强度均匀的入射电子束在经过试样散射后变成强度不均匀的电子束，这种强度不均匀的电子像称为衬度像。透射电子显微镜的衬度主要有质厚衬度、衍射衬度和相位衬度。

3.5.1　质厚衬度

质厚衬度（mass-thickness contrast）主要是与样品的厚度和质量有关，由于材料不同

区域的质量和厚度差异造成的透射束强度差异而形成的衬度。简单地说，样品越厚，电子束穿透样品的数量越少，在图像上形成暗的区域；相反，样品越薄，透过的电子束数量越多，形成亮的区域。

电子在试样中与原子相碰撞的次数愈多，散射量就愈大。散射的概率与试样厚度成正比。同时，原子核愈大，试样的密度也愈大，所带的正电荷及价电子数就愈多，散射愈多。因此总散射量正比于试样的密度和厚度的乘积，即试样的"质量厚度"。试样中各个部位质量厚度不同，引起不同的散射，当散射电子被物镜光阑挡住，不能参与成像时，则样品中散射强的部分在像中显得较暗。而样品中散射较弱的部分在像中显得较亮。试样中质量厚度低的地方，由于散射电子少，透射电子多而显得亮些，反之，质量厚度大的区域则暗些。

质厚衬度对于非晶材料、复型样生物样品和合金中的第二相是非常重要的。由于绝大多数试样的质量和厚度不可能绝对均匀，所以几乎所有试样都显示质厚衬度。

3.5.2 衍射衬度

衍射衬度（diffraction contrast）是由于试样各组成部分满足布拉格方程的程度不同，以及结构振幅不同而产生的。衍射衬度主要用于晶体材料，它是透射电子显微镜形貌像的主要衬度来源。如果样品是晶体，电子束穿透样品后，一部分电子束会相互干涉加强，形成亮的线或者点，另一部分电子束会相互干涉减弱，形成暗的线或者点。

在观察结晶性试样时，由于布拉格衍射，衍射的电子聚焦于物镜的一点，被物镜光阑挡住，只有透射电子通过光阑参与成像而形成衬度，这样所得到的像称为明场像；而当移动光阑，使透射电子被光阑挡住，衍射的电子通过光阑成像，则可得到暗场像，成像原理见图3.22。但是要使明场像和暗场像具有高的衍射衬度，需要满足双束条件，即除了透射束外，只有一个满足布拉格条件的晶面的衍射束最强，而其他晶面的衍射束强度非常弱，通常可以通过倾转试样来获得不同的双束条件。

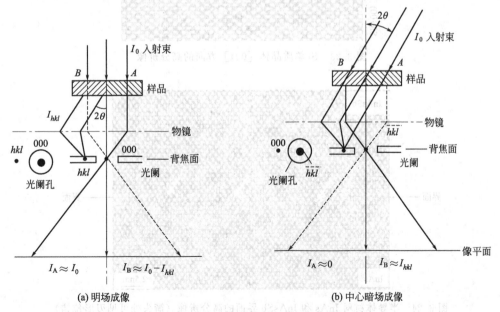

图 3.22 衍射衬度成像原理

3.5.3 相位衬度

当透射束和至少一束衍射束同时通过物镜光阑参与成像时，由于透射束与衍射束的相干作用，形成一种反映晶体点阵周期性的条纹像和结构像。这种像衬的形成是透射束和衍射束相位相干的结果，故称为相位衬度。与衍射衬度的单束、无干涉成像过程不同，相位衬度成像是多束干涉成像，即选用大尺寸物镜光阑。除透射束外，还让尽可能多的衍射束携带着它们的振幅和相位一起通过物镜光阑，并干涉叠加，从而获得能够反映物样结构真实细节的高分辨相位衬度图像。进入光阑的衍射束越多，获得的结构细节越丰富，图像越接近真实的结构。

高分辨透射电子显微术（high resolution transmission electron microscopy，HRTEM）是相位衬度显微术，它能使大多数晶体材料中的原子列成像。目前高分辨透射电子显微术已是电子显微镜技术中普遍使用的方法，由于其分辨率已达到了 0.1~0.2nm，它在材料微结构的研究，特别是纳米材料的研究上，发挥了很大的作用。由于衍射条件和样品厚度不同，可以把具有不同结构信息的高分辨电子显微像分成晶格条纹、一维结构像、二维晶格像和二维结构像。高分辨透射电子显微镜在材料原子尺度显微组织结构、表面与界面以及纳米尺度微区成分分析中得到广泛应用（见图 3.23 和图 3.24）。

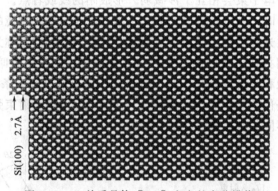

图 3.23　Si 单质晶体 [001] 方向的高分辨像

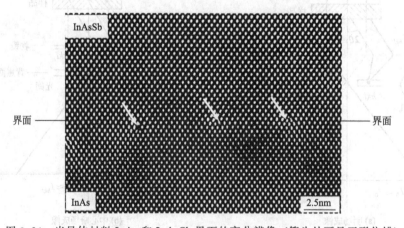

图 3.24　半导体材料 InAs 和 InAsSb 界面的高分辨像（箭头处可见刃形位错）

高分辨电子显微镜与普通透射电子显微镜的基本结构相同，最大的区别在于高分辨透射电子显微镜配备了高分辨物镜极靴和光阑组合，减小了样品台的倾转角，从而可获得较小的物镜球差系数，得到更高的分辨率。

3.6 扫描透射电子显微镜

由前述可知，透射电子显微镜是用平行的高能电子束照射到一个能透过电子的薄膜样品上，由于试样对电子的散射作用，其散射波在物镜后方将产生两种信息。在物镜的后焦平面上形成含有晶体结构信息的电子衍射花样；在物镜像平面上形成高放大倍率的形貌像或是高分辨率的反映样品内部结构的像。扫描电子显微镜则是用聚焦的低能电子束扫描块状样品的表面，利用电子与样品相互作用产生的各种信息成像，可以得到表面形貌、化学成分及晶体取向等信息。扫描透射电子显微镜（STEM）是透射电子显微镜与扫描电子显微镜的巧妙结合。它是在透射电子显微镜中加装扫描附件，是一种综合了扫描和普通透射电子分析原理和特点的一种新型分析方式，是透射电子显微镜的一种发展。

3.6.1 扫描透射电子显微镜的工作原理

扫描透射电子显微镜中扫描线圈迫使电子探针在薄膜试样上扫描，与扫描电子显微镜不同之处在于探测器位于试样下方，探测器接受透射电子束流或弹性散射电子束流，经放大后，在荧光屏上显示与常规透射电子显微镜相对应的扫描透射电子显微镜的明场像和暗场像。

扫描透射电子显微镜采用聚焦的（可达 0.126nm）高能电子束（通常为 $100\sim400keV$）扫描能透过电子的薄膜样品，利用电子与样品相互作用产生的各种信息来成像、电子衍射或进行显微分析。扫描透射电子显微镜的分辨率已达到原子尺度，对于晶体材料，低角度散射的电子主要是相干电子，所以扫描透射电子显微镜的环形暗场图像包含衍射衬度，为了避免包含衍射衬度，要求收集角度大于 50mrad，非相干电子信号才占有主要贡献，在 STEM 上安装一个环形探测器，就可以得到暗场 STEM 像，这种方法称为高角度环形暗场（high angle annular dark field），简称为 HAADF Z-衬度成像方法。最初的环形暗场接收器由克鲁（Crewe）等科学家研制，一开始用于生物和有机样品的研究。随着应用的推广，扫描透射电子显微镜也开始用于无定形材料的研究。图 3.25 为 HAADF-STEM 方法的原理图。这种图像之所以被称为原子序数衬度像或 Z-衬度像，是由于在 HAADF-STEM Z-衬度成像中，采用细聚焦的高能电子束对样品进行逐点扫描，环形探测器接收的电子形成暗场像，它有一个中心孔，不接收中心透射电子而接收高角度散射的卢瑟福电子，图像由到达高角度环形探测器的所有电子产生的，其图像的亮度与原子序数的平方（Z^2）成正比。高分辨透射电子显微术相位衬度像成像原理和 HAADF-STEM Z-衬度像成像原理比较见图 3.26。

3.6.2 扫描透射电子显微镜的特点

扫描透射电子显微镜的特点如下：

（1）分辨率高 由于 Z-衬度像几乎完全是非相干条件下的成像，其分辨率要高于相干条件下的成像，通常相干条件下成像的极限分辨率比非相干条件下的大约差 50%。同时，STEM 像的点分辨率与获得信息的样品面积有关，一般接近电子束的尺寸，目前场发射电子枪的电子束直径能达小于 0.13nm。在采用 HAADF 探测器收集高角度散射电子后，可得到高分辨的 Z-衬度像，这种像具有在原子尺度上直接评估化学性质和成分变化的能力。最后，HAADF 探测器由于接收范围大，可收集约 90% 的散射电子，比起普通的 TEM 中的一

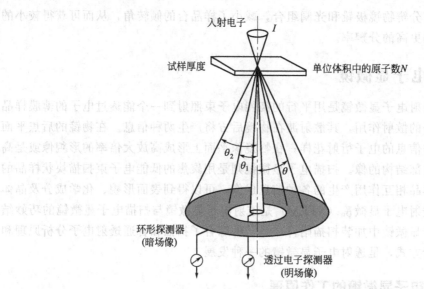

图 3.25 HAADF-STEM 方法的原理

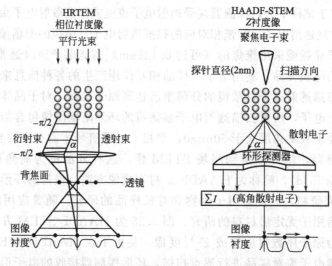

(a) 高分辨透射电子显微术相位衬度成像　　(b) HAADF-STEM Z-衬度像成像

图 3.26　高分辨透射电子显微术（HRTEM）相位衬度像成像
原理和 HAADF-STEM Z-衬度像成像原理比较

般暗场像更灵敏。因为一般暗场像只用了散射电子中的一小部分电子成像。因此，对于散射较弱的材料或在各组成部分之间散射能力的差别很小的材料，其 HAADF Z-衬度像的衬度将明显提高。

（2）对化学组成敏感　由于 Z-衬度像的强度与其原子序数的平方（Z^2）成正比，因此 Z-衬度像具有较高的组成（成分）敏感性，在 Z-衬度像上可以直接观察夹杂物的析出、化学有序和无序以及原子柱排列方式。

（3）图像直观可直接解释　如前所述，Z-衬度像是在非相干条件下成像，非相干条件下成像的一个重要特点是具有正衬度传递函数。而在相干条件下，随空间频率的增加其衬度传递函数在零点附近快速振荡，当衬度传递函数为负值时以翻转衬度成像，当衬度传递函数通过零点时将不显示衬度。也就是说，非相干的 Z-衬度像不同于相干条件下成像的相位衬度像，它不存在相位的翻转问题，因此图像的衬度能够直接地反映客观物体。

除此之外，还有图像衬度大、对样品损伤小、可实现微区衍射、可分别收集和处理弹性散射和非弹性散射电子等优点。但需要注意的是，扫描透射电子显微镜对环境要求高，图像噪声大，对样品洁净要求高。

3.7 透射电子显微镜样品制备

样品的制备对于获得一张满意的电子显微像是至关重要的，制备样品花费时间很多，有时甚至超过整个研究工作量的一半以上。由前面已知，电子束对薄膜样品的穿透能力和加速电压有关。当电子束的加速电压为 200kV 时就可以穿透厚度为 500nm 的铁膜。从图像分析的角度来看，样品厚度较大时，得到的图像过于复杂，难以进行分析，但若样品太薄则表面效应将起着重要的作用，以至于造成薄膜样品中相变和塑性变形的进行方式有别于大块试样。因此，要根据不同的要求来选用适当的样品厚度，对于大部分金属材料而言，样品厚度都在 500nm 以下。

通常透射电子显微镜样品可按材料的形状分为薄膜样品和粉末样品，除此之外还有一种叫做表面复型技术。

3.7.1 表面复型技术

复型是利用一种薄膜（如碳、塑料、氧化物薄膜）将固体试样表面的浮雕复制下来的一种间接样品。它只能作为试样形貌的观察和研究，而不能用来观察试样的内部结构。对于在电镜中易起变化的样品和难以制成电子束可以透过的薄膜的试样多采用复型法。复型方法中用得较普遍的是塑料一级复型、碳一级复型、塑料-碳二级复型和萃取复型。

(1) 一级复型 一级复型分为塑料一级复型和碳一级复型。

① 塑料一级复型。在已制备好的金相试样或断口样品上滴几滴体积分数为 1% 的火胶醋酸戊酯溶液或醋酸纤维素丙酮溶液，待溶剂蒸发后，表层留下一层 100nm 左右的塑料薄膜。将塑料薄膜小心地从样品表面上揭下来，剪成对角线小于 3mm 的小方块，放在直径为 3mm 的专用铜网上，进行透射电子显微分析（见图 3.27）。

② 碳一级复型。将制备好的金相试样放入真空喷碳仪中，以垂直方向在样品表面蒸发一层数百埃的碳膜（见图 3.28）；用针尖或小刀把喷有碳膜的样品划成对角线小于 3mm 的

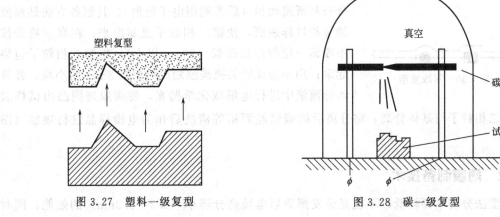

图 3.27 塑料一级复型

图 3.28 碳一级复型

小块；将样品放入配制好的分离液中，电解或化学抛光，使碳膜与试样表面分离；将分离开的碳膜在丙酮或酒精中清洗，干燥后，放置在直径 3mm 的铜网上进行电镜观察分析。

（2）二级复型　二级复型一般指塑料-碳二级复型。其制备方法是在样品表面滴一滴丙酮，然后贴上一片与样品大小相当的 AC 纸（质量分数为 6% 的醋酸纤维素丙酮溶液制成的薄膜）。待 AC 纸干透后小心揭下，即得塑料一级复型；将塑料复型固定在玻璃片上，放入真空喷碳仪中喷碳；将二次复型剪成对角线小于 3mm 的小方块放入丙酮中，溶去塑料复型；将碳膜捞起清洗干燥后，即可放入电镜中观察（制备过程如图 3.29 所示）。

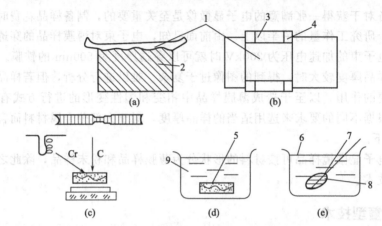

图 3.29　塑料-碳二级复型制备过程

1——级复型（AC 纸）；2—金相样品；3—衬纸；4—胶带纸；
5—复合复型；6—碳复型；7—镊子；8—铜网；9—丙酮

碳一级复型分辨本领最高，可达 2nm（直接取决于复型本身的颗粒度），但剥离较难；塑料一级复型操作最简单，但其分辨本领和像的反差均较低，且在电子束轰击下易发生分解和烧蚀；塑料-碳二级复型操作复杂一些，其分辨本领与塑料一级复型基本相同，但其剥离起来容易，不破坏原有试样，尤其适应于断口类试样。

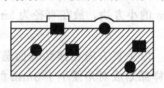

图 3.30　萃取复型

（3）萃取复型　萃取复型是在上述三种复型的基础上发展起来的唯一能提供试样本身信息的复型。它是利用一种薄膜（现多用碳薄膜），把经过深浸蚀的试样表面上的第二相粒子黏附下来。由于这些第二相粒子在复型膜上的分布仍保持不变，所以可以来观察分析它们的形状、大小、分布和所属物相（后者利用电子衍射）。其制备方法是深浸蚀金相试样表面，使第二相粒子显露出来；在真空喷碳仪中喷镀一层较厚的碳膜（20nm 以上），把第二相粒子包络起来；用小刀或针尖把碳膜划成对角线 3mm 的小块，并放入分离液中进行电解或化学抛光，使碳膜连同凸出试样表面的第二相粒子与基体分离；将分离后的碳膜经酒精等清洗后作为电镜样品进行观察（图 3.30）。

3.7.2　薄膜制备技术

复型法分辨本领较低，不能充分发挥透射电镜高分辨率（0.2~0.3nm）的效能；同时复型（除萃取复型外）只能观察样品表面的形貌，而不能揭示晶体内部组织的结构。通过薄膜样品的制备方法，可以在电镜下直接观察分析以晶体试样本身制成的薄膜样品，从而可使透射电镜得以充分发挥它极高分辨本领的特长，并可利用电子衍射效应来成像，不仅能显示试样内部十分细小的组织形貌衬度，而且可以获得许多与样品晶体结构（如点阵类型、位向关系、缺陷组态等）有关的信息。

薄膜样品制备方法要求：不引起材料组织的变化；足够薄，否则将引起薄膜内不同层次图像的重叠，干扰分析；薄膜应具有一定的强度，具有较大面积的透明区域；制备过程应易于控制，有一定的重复性，可靠性。

因为透射电子显微镜样品台的尺寸是 3mm，所以不论是平面薄膜还是截面薄膜，都是将样品制成直径小于或等于 3mm 的对电子束透明的薄片。从制备样品时的方向上区分，可分为平面薄膜和截面薄膜两类。平面薄膜为平行于块体样品表面取样，用于普通微结构研究或用于薄膜和表面附近微结构研究；而截面薄膜为垂直于样品表面取样，用于均匀薄膜和界面的微结构研究。

（1）平面薄膜样品制备　从大块试样上切取厚度小于 0.5mm 的薄片，把切好的薄片一面粘在样品座底表面上，然后在水磨砂纸上研磨减薄，达到粗糙度要求后，再把试样翻转过来磨削另一面，直到满足试样要求厚度 $100\mu m$ 或更薄，将样品进一步切成直径为 3mm 的薄圆片，最后电解双喷或离子减薄到出孔，并适合透射电子显微镜观察。

① 电解双喷减薄法。电解双喷减薄法就是将预减薄的直径为 3mm 的样品放入样品夹具上，样品作为阳极，电解液从阴极喷出，从而不断地腐蚀减薄样品，当样品刚一穿孔时，透过样品的光通过在样品另一侧的光导纤维管传到外面的光电管，切断电解抛光射流，得到的薄膜有较厚的边缘，中心穿孔有一定的透明区域，不需要放在电镜铜网上，可直接放在样品台上观察。电解双喷装置外观及原理如图 3.31 所示。此装置主要由三部分组成：电解冷却与循环部分，电解抛光减薄部分以及观察样品部分。

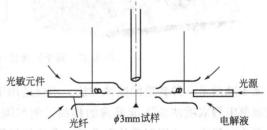

图 3.31　电解双喷（twin jet polish）及原理

电解冷却与循环部分是通过耐酸泵把低温电解液经喷嘴打在样品表面。低温循环电解减薄，不使样品因过热而氧化；同时又可得到表面平滑而光亮的薄膜；电解抛光减薄部分电解液由泵打出后，通过相对的两个铂阴极玻璃嘴喷到样品表面。喷嘴口径为 1mm，样品放在聚四氟乙烯制作的夹具上。样品通过直径为 0.5mm 的铂丝与不锈钢阳极之间保持电接触，调节喷嘴位置使两个喷嘴位于同一直线上。电解抛光时一根光导纤维管把外部光源传送到样品的一个侧面。当样品刚一穿孔时，透过样品的光通过在样品另一侧的光导纤维管传到外面的光电管，切断电解抛光射流，并发出报警声响。电解双喷减薄的影响因素有电解液、电解液流速、温度、电解条件等。常用电解减薄液见表 3.5。

表 3.5 常用电解减薄液

序号	电解液成分与配比	适用材料
1	乙醇（80mL）、冰醋酸（80mL）、高氯酸（15mL）、甘油（10mL）	高温合金、耐热钢、铝及其合金
2	正磷酸（480mL）、硫酸（50mL）、铬酐（80g）、水（60mL）	铝及铝合金
3	高氯酸（80mL）、冰醋酸（70mL）	钢、硅钢
4	高氯酸（10mL）、乙醇（90mL）	镍基合金、硅钢、马氏体时效钢

② 离子减薄法。离子减薄法是让薄片状的样品处于高真空环境中，由冷阴极枪提供高能离子流，例如氩离子流，对样品的表面以某一入射角作连续的轰击，样品表层原子受到氩离子的激发产生溅射而被减薄，最终得到薄膜样品。离子减薄装置由工作室、电系统、真空系统三部分组成，离子减薄仪外观及原理如图 3.32 所示。工作室是离子减薄装置的一个重要组成部分，它是由离子枪、样品台、显微镜、微型电机等组成的。在工作室内沿水平方向有一对离子枪，样品台上的样品中心位于两枪发射出来的离子束中心，离子枪与样品的距离为 25～30mm 左右。两个离子枪均可以倾斜，根据减薄的需要可调节枪与样品的角度 0°～20°角。样品台能在自身平面内旋转，以使样品表面均匀减薄。为了在减薄期间随时观察样品被减薄的情况，在样品下面装有光源，在工作室顶部安装有显微镜，当样品被减薄透光时，打开光源在显微镜下可以观察到样品透光情况。电系统主要包括供电、控制及保护三部分。真空系统保证工作室高真空。

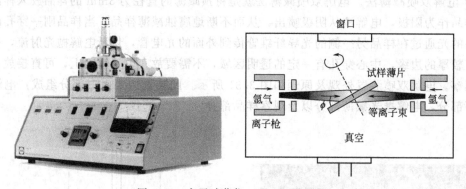

图 3.32 离子减薄仪（PIPS）及原理

离子减薄是一种普适的减薄方法，不仅适用于用电解双喷法所能减薄的各种样品，而且还能减薄电解双喷法所不能减薄的样品，例如陶瓷材料、高分子材料、矿物、多层结构材料、复合材料等。如用双喷法穿孔后，孔边缘过厚或穿孔后样品表面氧化，皆可用离子减薄法继续减薄直至样品厚薄合适或去掉氧化膜为止。用于高分辨电镜观察的样品，通常双喷穿孔后再进行离子减薄，只要严格按操作规范减薄就可以得到薄而均匀的观察区，该法的缺点是减薄速度慢，通常制备一个样品需要十几个小时甚至更长，而且样品有一定的温升，如操作不当样品，会受到辐射损伤。

在研磨到厚度 $100\mu m$ 后，可用凹坑减薄仪进行减薄以达到更好的效果。其原理是凹坑减薄仪的磨轮装在水平转动轴上，可随水平轴高速转动，样品装在水平放置的样品台上，样品台可带着样品沿垂直轴转动，在磨轮和样品相对转动时加入磨料，将薄圆片样品加工出一个碗形的凹坑（如图 3.33 所示）。凹坑后的样品底部可达到 $10\mu m$ 以下，减少离子减薄的时间，同时保证周边部分较厚，增加了样品的牢固性。

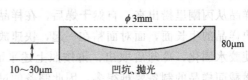

图 3.33　凹坑减薄仪（dimpler）及凹坑后示意

制备平面薄膜样品时需要注意以下几点：

① 对韧性材料可用线切割技术或用圆盘锯（非金刚石圆盘锯）将样品切割成 0.5mm 薄片，对脆性材料可用低速金刚石圆盘锯（见图 3.34）。

图 3.34　低速金刚石圆盘锯　　　　　　图 3.35　机械切片机
（low speed diamond saw）　　　　　　（disc punch system）

② 研磨时，注意样品要平放且保证用力不要太大，并使其在研磨过程中充分冷却，确保样品内部组织结构不会发生变化。第一面研磨时磨削厚度尽量小一些，以免薄片太薄而在翻转时弯曲变形，且研磨的两面都需要抛光。

③ 对韧性较好且机械损伤对材料影响不大的材料，可用机械切片机（见图 3.35）将样品切成直径 3mm（此时样品厚度应在 $100\mu m$ 左右）；对脆性材料可以用超声钻（见图 3.36）。

④ 电解双喷样品穿孔后，要迅速将样品放入乙醇（丙酮或水）中漂洗干净，否则电解液将继续腐蚀样品，如漂洗不干净还会在样品表面形成一层氧化污染层。清洗样品时，让样品在清洗液表面上下穿插，然后再在乙醇中漂洗，用滤纸吸干后准备观察。

⑤ 离子减薄时为了抑制样品表面成分发生变化和非晶化，需要采用合适的电压和入射角；为了防止样品温度过高，可以采用低温试样台；不宜使用太大的加速电压和太大的入射角，防止对样品表面造成损伤而引入假象。

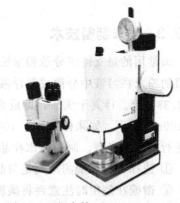

图 3.36　超声钻（ultrasonic cutter）

（2）截面薄膜样品制备　截面试样（cross-section specimen）大量用于半导体器件（多层结构）、薄膜、复合、表面等材料的研究中。在制备过程中，首先在低倍立体显微镜下选样品，表面平坦，没有损伤，注意不选样品的边缘，用低速金刚石圆盘锯等把样品切成小块，注意切割尺寸不宜过大。再用无水乙醇、丙酮、超声等方式对样品进行清洁处理。清洗后的样品从丙酮里捞出来，自然干燥后，在样品的生长表面里涂上少量胶（如 MBond610），将两块样品的生长面，面对面粘在一起，快速放入专用夹具中加压固定，并升温保温一段时间后使胶水固化，冷却后取出，再按照上述平面样品制备过程制备薄片，不过需要注意的是，横截面样品的制备要难得多，因此制备的过程中一定要小心仔细，最好在挖坑以后再用抛光轮再抛光一次，不然的话在离子减薄时，生长薄膜很容易被减掉，而且尽量确保小圆片的纵向接近轴线的地方存在横截面。具体制备过程见图 3.37。

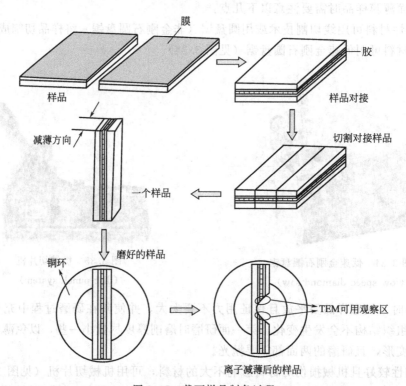

图 3.37　截面样品制备过程

3.7.3　粉末制备技术

最常用的是支持膜分散粉末法。对于试样是足够细的粉末，直接用超声波分散器将需要观察的粉末在溶液中分散成悬浮液，用滴管滴几滴在覆盖有非晶碳支撑膜的铜网即微栅（见图 3.38）上。待其干燥后，即成为电镜观察用的粉末样品。透射电镜样品的厚度一般要求在 100nm 以下，如果样品厚于 100nm，则先要用研钵把样品的尺寸磨到 100nm 以下，然后再进行上述的步骤。制备粉末样品时需要注意以下几点：

① 选择有机溶剂的原则是与制备的试样不发生反应；

② 微栅在使用时注意要将碳膜面朝上；

③ 一定要吸取悬浮液中表面的液体进行观察，避免由于底部颗粒直径大而不利于电子

显微镜观察；

④ 可以在试样干燥后，再蒸上一层碳膜，防止在透射电子显微镜观察的过程中粉末的脱落。

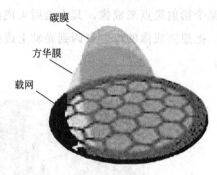

图 3.38 微栅

除此之外，还有一种胶粉混合法，在干净玻璃片上滴火棉胶溶液，然后在玻璃片胶液上放少许粉末并搅匀，再将另一玻璃片压上，两玻璃片对研并突然抽开，稍候，膜干。用刀片划成小方格，将玻璃片斜插入水杯中，在水面上下空插，膜片逐渐脱落，用铜网（图 3.39）将方形膜捞出，待观察。一般用于磁性粉末样品且观察倍数不高。

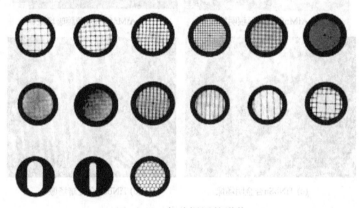

图 3.39 各种铜网的形状

3.7.4 透射电子显微镜样品制备的其他方法

（1）超薄切片法 超薄切片法（ultramicrotomy）广泛用于生物试样的薄片制备和比较软的无机材料的切割，是利用金刚石刀一次性切出厚度小于 100nm 的薄膜。其优点是试样的化学成分不变，试样制备迅速和简单；缺点是在制样过程中可能引入形变，由于刀的几何形状，材料必然发生弹性或塑性变形。

（2）聚焦离子束法 聚焦离子束法（focused ion beam，FIB）的原理是将离子束聚焦成很小的区域，通过溅射作用将材料高速地加工减薄。通常使用 Ga 离子，在 30kV 左右的加速电压下，将离子束缩小到几十纳米的微小区域，因而能高精度地选择区域来减薄。其缺点是强离子束可能造成样品损伤，Ga 离子轰击时，Ga 离子也可能会残留在样品中。

3.8 透射电子显微镜的应用

透射电子显微镜能用于物质表面的形貌分析、晶体的结构分析和物质的成分分析，在金属材料、无机非金属材料、高分子材料等领域应用极广，下面仅举几个例子进行简要说明。

3.8.1 形貌分析

观察拍摄显微组织像时，首先要转到衍射模式，在荧光屏上得到衍射花样。衍射花样中的中心斑点叫透射斑点，其他都叫衍射斑点。由前述已知，用光阑孔选取透射斑点或者所需要的某个衍射斑点来成像，其中透射束成的像叫明场像，用衍射束的任何一束成的像都叫暗场像。把想要成像的衍射束调到光轴上成的像叫中心暗场像。图3.40所示即为明场像和暗场像。

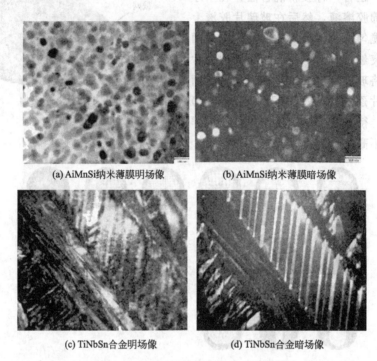

(a) AiMnSi纳米薄膜明场像 (b) AiMnSi纳米薄膜暗场像

(c) TiNbSn合金明场像 (d) TiNbSn合金暗场像

图3.40　不同衍射束成的电子显微像

3.8.2　晶体缺陷分析

晶体缺陷主要包括层错、位错、第二相粒子在基体上造成的畸变、空位、孪晶等。图3.41～图3.44分别是位错、F-R位错源、孪晶及空位的透射电子显微镜图像。

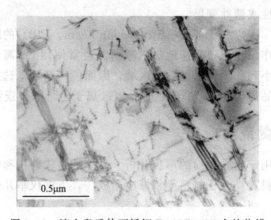

0.5μm

图3.41　淬火奥氏体不锈钢Fe-18Cr-9Ni中的位错

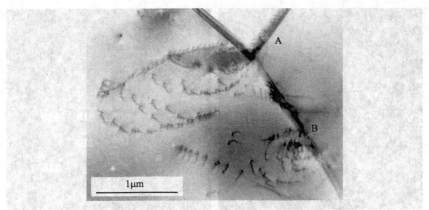

图 3.42　淬火 Fe-18Cr-14Mn-0.6N 中 F-R 位错源（图中 A 和 B)

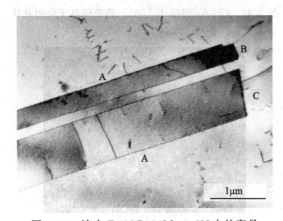

图 3.43　淬火 Fe-18Cr-14Mn-0.6N 中的孪晶

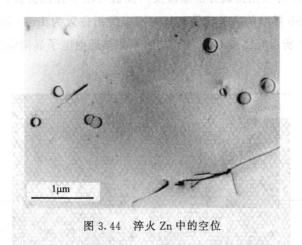

图 3.44　淬火 Zn 中的空位

3.8.3　晶体结构分析

对于透射电子显微镜来说，除了前面提及的单晶体、多晶体结构分析外，还可以分析超点阵斑点和孪晶斑点，如图 3.45 和图 3.46 所示。

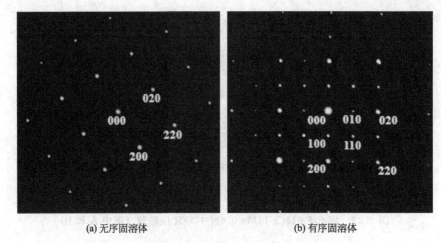

(a) 无序固溶体　　　　　　　　　　　(b) 有序固溶体

图 3.45　Cu_3Au 固溶体 ［001］晶带的电子衍射花样

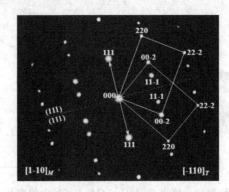

图 3.46　面心立方晶体（111）孪晶衍射花样及标定结果

透射电子显微镜还可以拍摄高分辨像以及扫描透射电子显微镜像。图 3.47 所示为半导体材料 InAs 和 InAsSb 界面的高分辨像，其中箭头所指位置为 InAs 和 InAsSb 界面处存在的刃型位错。图 3.48 所示为二维 GaS 的高分辨率扫描透射电子显微镜照片。

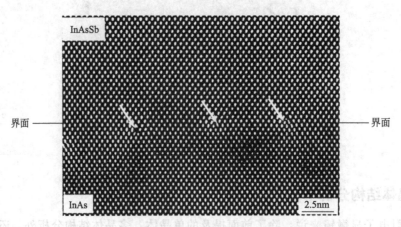

图 3.47　半导体材料 InAs 和 InAsSb 界面的高分辨像

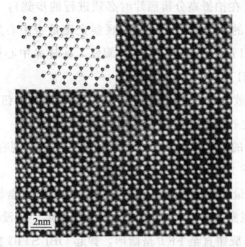

图 3.48　二维 GaS 的高分辨率扫描透射电子显微镜照片

3.9　透射电子显微镜的基本操作

以 JEM-2100F 型透射电子显微镜操作说明。

电镜日常初始状态：加速电压 160kV（Stand by 模式）。

（1）加电压：点击电脑主程序 Normal 按钮，高压由 160kV 升至 200kV，一般需要 15min 左右。

（2）将样品（一定是干燥、洁净的样品）放入样品杆，将样品杆送入样品室：分两步进行，先放入预抽室，打开预抽开关。进行预抽，等待 10min 后将样品杆进一步送入样品室（注：操作时一定要轻）。

（3）打开 CCD 冷却机开关，打开 CCD 电脑，打开 ITEM 程序。

（4）打开左控台左上角的 Beam 按钮，V$_1$ 阀开启。

（5）调节 Brightness（顺时针光散开，逆时针光汇聚），观察是否有聚光镜像散（无像散时光圈呈圆形），且反复调节 Brightness 时光圈始终以中心放大缩小。否则需要进行聚光镜消像散：将聚光镜光阑加入光路，使用光阑调节旋钮将光阑位置调正（与荧光屏呈同心圆），顺时针旋动 Brightness 使光圈汇聚成小圆盘，COND STIG 按下，调节 DEF 使中心点变为均匀的圆形（无拖尾现象），弹起 COND STIG 按钮。

（6）合轴（使用前的简单合轴，在 40K 进行）。

① 按下右控制面板上的 STD FOCUS，即恢复到标准的聚焦电压（在拍摄过程中也需要及时地使用 STD FOCUS，按下它后软件对话框上面的 defocus 就归零）。

② 调节 SHIFT 旋钮将光圈中心调到荧光屏中心。顺时针调节 Brightness 将光散开。

③ 样品高度的确定：当物镜的焦距确定后，随后就需要来确定样品的高度，否则无法得到清晰的图像。方法：调整样品台的高度（Z），使观察样品的图像正焦。按下 IMAGE WOBBLER 调节样品高度使样品的晃动最小（此时接近正焦位置）。调整结束后弹起 IMAGE WOBBLER 按钮。

④ 电压中心的确认（在拍摄高分辨照片时必须进行的步骤）：在放大倍数为 100K 以上时调整，按下右侧面板上的 HT WOBBLER，观察光斑是否中心放大缩小，如果不是，则按下左侧面板上的 BRIGHT TILT，调节 DEF 旋钮，使样品中心放大缩小。调节结束后将 HT WOBBLER 和 BRIGHT TILT 按钮弹开。

（7）调节完成后可以放入适当的物镜光阑，使用光阑调节旋钮将光阑位置调正（与荧光屏呈同心圆），此时可以进行样品形貌的观测。

（8）点击 ITEM 软件的动态采集按钮，观察样品，如果发现有物镜像散（此时 FFT 显示不是圆形），拍照时按下 2 按钮，提示保存照片。

（9）消物镜像散：尽量选择样品薄区的边缘处，调节到欠焦状态，在 ITEM 动态采集时，将实时 FFT 打开，观察实时 FFT 的状态，如果为圆形，则没有物镜像散，否则需要按下 OBJ STIG，调节 DEF 旋钮直至 FFT 呈圆形，弹起 OBJ STIG 按钮。

（10）选区电子衍射的拍摄：选取拍摄的区域，按下 STAD FOCUS，按下 SA MAG 选择适合的放大倍数，在光路中放入选区光阑（此时光应均匀地投射在样品表面），切换到 SA DIFF，用 Brightness 顺时针调到最大，将小荧光屏移出，利用显微镜观察小荧光屏，使用 DIFF FOCUS 将光斑聚焦，选择适合的相机长度，按下 PLA，调节 DEF 将透射斑移至小荧光屏中心位置，用 BEAM SCOPPER 将中心透射斑挡住，用 CCD 进行图像采集。

（11）能谱：选择要检测的区域，将模式转换到 EDS（左控台），将光束聚焦到检测的点上，利用能谱软件进行元素分析。

（12）结束观测时，按下 Beam 按钮，关闭 V_1 阀。点击软件右上角的 Stage Neutral 按钮，使样品杆回到初始位置。

（13）取样品：拔出样品杆至预抽室（注：一定不要用蛮力，否则直接将样品拔出到大气的话，会造成镜筒破真空！），拨动送气按钮，将 N_2 送入预抽室，稍等片刻，将样品杆取出。

（14）所有样品观测结束时，按下软件左方的 STAND BY 按钮。关闭电镜控制电脑的显示器。使用 DVD 光盘刻录数据，关闭 CCD 电脑，关闭 CCD 冷却器开关。

◆ 思考题 ◆

1. 球差、像散和色差是怎样造成的？如何减小这些像差？哪些是可消除的像差？

2. 试推导电子衍射的基本公式，并指出 $L\lambda$ 的物理意义。

3. 简述单晶电子衍射花样的标定方法。

4. 分别说明成像操作与衍射操作时各级透镜（像平面与物平面）之间的相对位置关系，并画出光路图。

5. 影响透射电子显微镜分辨率的因素有哪些？

6. 光镜、物镜和投影镜各自具有什么功能和特点？

7. 什么是衍射衬度？它与质厚衬度有什么区别？

8. 4 种常见复型的优缺点。

9. 试述金属块体制备成薄膜试样的一般步骤。

◆ 参考文献 ◆

[1] 董建新. 材料分析方法 [M]. 北京: 高等教育出版社, 2014.

[2] 周玉. 材料分析方法 [M]. 北京: 机械工业出版社, 2011.

[3] 李晓娜. 材料微结构分析原理与方法 [M]. 大连: 大连理工大学出版社, 2014.

[4] 廖晓玲. 材料现代测试技术 [M]. 北京: 冶金工业出版社, 2010.

[5] 王富耻. 材料现代分析测试方法 [M]. 北京: 北京理工大学出版社, 2006.

[6] 王培铭, 许乾慰. 材料研究方法 [M]. 北京: 科学出版社, 2013.

[7] 周玉, 武高辉. 材料分析测试技术 [M]. 哈尔滨: 哈尔滨工业大学出版社, 2007.

[8] 邹龙江. 近代材料分析方法实验教程 [M]. 大连: 大连理工大学出版社, 2013.

[9] 路文江, 张建斌, 王文焱. 材料分析方法实验教程 [M]. 北京: 化学工业出版社, 2013.

[10] 李鹏飞, 亚茹. Z-衬度像成像原理及其特点 [J]. 现代科学仪器, 2007, 2: 49-51.

[11] 贾志宏, 丁立鹏, 陈厚文. 高分辨扫描透射电子显微镜原理及其应用 [J]. 物理, 2015, 44(7): 446-452.

[12] 黄孝瑛, 侯耀永, 林晓娉等. 电子衍射分析原理与图谱 [M]. 济南: 山东科技出版社, 2000.

[13] Ganka Zlateva, Zlatanka Martinova. Microstructure of Metals and Alloys: An Atlas of Transmission Electron Microscopy Images [M]. Boca Raton, FL: CRC Press, 2008.

[14] PingAn Hu, Lifeng Wang, Mina Yoon, et al. Highly Responsive Ultrathin GaS Nanosheet Photodetectors on Rigid and Flexible Substrates [J]. Nano Lett, 2013, 13(4): 1649-1654.

第 4 章 热分析技术

热分析技术（thermal analysis，TA）是研究样品在程序控制的温度变化过程中物理变化及化学性质变化，并将此变化作为温度或时间的函数来研究其规律的一种技术。物质在加热或冷却的过程中，随着其物理状态或化学状态的变化，通常伴有相应的热力学性质（如焓、比热容、热导率等）或其他性质（如质量、力学性质、电阻等）的变化。因而通过对某些性质或参数的测定可以分析研究物质的物理变化或化学变化过程。本章节主要介绍常用的热分析技术及其应用：如热重分析法、差热分析法、差式扫描量热法。

4.1 热分析技术简介

热分析技术是一种动态跟踪分析技术，具有检测快速、使用简便和连续性操作等优点，使其在无机化学、有机化学、高分子化学、生物化学、冶金学、石油化学、矿物学和地质学等各个学科领域受到重视。随着学科的不断发展，热分析技术在其他方面也将会具有更加广泛的应用。

热分析狭义上主要限于热重分析法（TG）、差热分析法（DTA）、差示扫描量热法（DSC）、热机械分析法（TMA）、动态热机械分析法（DMA）等少数几种，如表 4.1 所示。本章重点介绍材料分析中应用最广的几种，主要包括 TG、DTA 和 DSC。

表 4.1　几种主要的热分析方法及其测定的物理化学参数

热分析法	定义	主要测量参数	常见测量温度范围/℃	主要应用范围
热重分析法（TG）	程序控温条件下,测量在升温、降温或恒温过程中样品质量发生的变化	质量	$20\sim1000$	熔点、沸点测定,热分解反应过程分析,脱水量测定;生成挥发性物质的固相反应分析,固体与气体反应分析等
差热分析法（DTA）	程序控温条件下,测量在升温、降温或恒温过程中样品与参比物之间的温差	温度	$20\sim1600$	熔化及结晶转变、二级相变、氧化还原反应、裂解反应等分析研究,主要用于定性分析
差示扫描量热法（DSC）	程序控温条件下,测量在升温、降温或恒温过程中输入到样品与参比物的热量功率差与温度的关系	热量	$-170\sim725$	分析研究范围与DTA大致相同。但能定量测定多种热力学和动力学参数。如比热容、反应热、转变热、反应速率和高聚物结晶度等

续表

热分析法	定义	主要测量参数	常见测量温度范围/℃	主要应用范围
动态热机械分析（DMA）	程序控温条件下，测量材料的力学性质随温度、时间、频率或应力等改变而发生的变化量	力学性质	−170～600	阻尼特性、固化、胶化、玻璃化等转变分析，模量、黏度测定等
热机械分析法（TMA）	程序控温条件下，测量在升温、降温或恒温过程中样品尺寸发生的变化	尺寸或体积	−150～600	膨胀系数、体积变化、相转变温度、应力应变关系测定，重结晶效应分析等

4.2 热重分析法

热重法（thermogravimetry，TG）是在程序控温条件下，测量物质的质量与温度关系的热分析方法。热重法记录的热重曲线以质量为纵坐标，以温度或时间为横坐标，即 $m\text{-}T$（或 t）曲线。将热重曲线取一阶导数，就派生出微商热重法（DTG）。许多物质在加热或冷却过程中质量有变化，这种变化过程有助于研究晶体性质的变化，如熔化、蒸发、升华和吸附等物理过程；也有助于研究物质的脱水、解离、氧化、还原等化学过程。这些都可以采用 TG 或 DTG 进行测量研究。

4.2.1 系统组成

用于热重法的仪器是热重分析仪。由天平、加热炉、程序控温系统与记录仪等几部分组成。由于待测试的样品通常以机械方式与一台分析天平连接，因此又被称为热天平（图 4.1）。有的热重分析仪还配有气氛和真空装置。

热天平是为了实现热重测量而制作出来的仪器，是以普通的分析天平为基础发展起来的，同时结合要对样品实现可控的加热或冷却过程。因此热天平要求在高温、低温下都必须保持足够高的准确度和灵敏度。

热天平测定样品质量变化的方法有变位法和零位法。变位法利用质量变化与天平梁的倾斜程度成正比的关系，用直接差动变压器控制检测。零位法是靠电磁作用力使因质量变化而倾斜的天平梁恢复到原来的平衡位置（即零位），施加的电磁力与质量变化成正比，而电磁力的大小与方向可通过调节转换机构中线圈的电流实现，因此检测此电流值即可知样品质量变化。通过热天平连续记录质量与温度的关系，即可获得热重曲线。

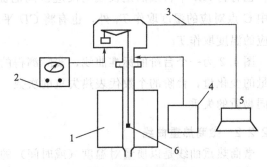

图 4.1 热天平原理

1—加热炉；2—平衡控制；3—热重信号；
4—温度控制系统；5—计算机；6—试样

4.2.2 基本原理

热重法（TG）是在温度程序控制下，测量物质的质量与温度或时间关系的技术。由热重法测得的结果记录为热重曲线（TG 曲线），热重曲线对温度或时间求一阶导数得到的曲线为微商热重曲线（DTG 曲线）。

4.2.2.1 热重曲线

热重曲线（TG 曲线）是以温度（或加热时间）为横坐标、质量为纵坐标绘制的关系曲线，表示加热过程中的失重累积量。其中质量的单位常用 g、mg 或质量分数表示，温度的单位为℃或 K，一般都以温度作为横坐标。

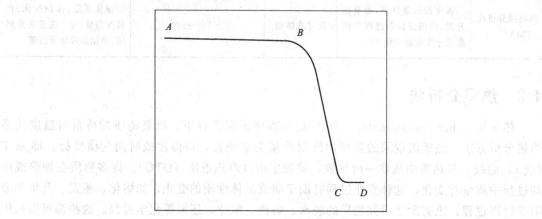

图 4.2　典型的热重曲线

图 4.2 是典型的热重曲线。图中 AB 和 CD 为平台，表示 TG 曲线中质量不变的部分，两平台之间的部分称为台阶。B 点所对应的温度为起始温度（T_i）；C 点对应的温度为终止温度（T_f）。$T_f \sim T_i$（B、C 点间的温度差）为反应区间，测定曲线上平台之间的质量差，可以计算出样品在相应的温度范围内减少的质量分数。此外，除将 B 点对应的温度作为 T_i外，也有将 AB 平台线的延长线与反应区间的曲线的切线的交点对应的温度取为 T_i。除将图中 C 点对应的温度取作 T_f 外，也有将 CD 平台线的延长线与反应区间曲线的切线的交点对应的温度取作 T_f。

图 4.2 为一个台阶的标准曲线，实际测得的曲线可含有多个台阶，其中台阶的大小表示质量的变化量，台阶的个数代表热失重的次数。一般每个台阶都代表不同的反应，或样品中不同物质的失重。

4.2.2.2 微商热重曲线

微商热重曲线是以质量对温度（或时间）的一阶导数为纵坐标，温度（或时间）为横坐标所做的关系曲线，表示样品质量变化速率与温度（或时间）的关系。图 4.3 是典型的 DTG 曲线与对应的 TG 曲线的比较。

由图 4.3 中可以看出，DTG 曲线的峰与 TG 曲线的质量变化阶段相对应，DTG 峰面积与样品的质量变化量成正比。DTG 曲线较 TG 曲线有很多优点，下面就对其进行简单的介绍。

① 可以通过 DTG 的峰面积精确地求出样品质量的变化量，能够更好地进行定性和定量分析。

② 从 DTG 曲线可以明显看出样品热重变化的各个阶段，这样可以很好地显示出重叠反应，而 TG 曲线中的各个阶段却不易分开，很难起到 DTG 曲线的作用。

③ 能方便地为反应动力学计算提供反应速率数据。

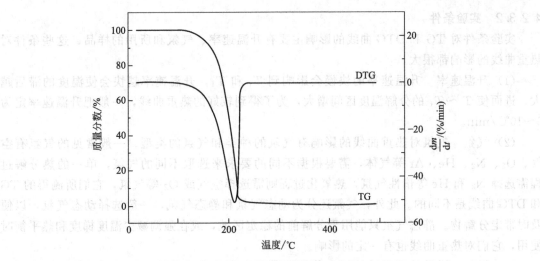

图 4.3　热重曲线和微商热重曲线

④ DTG 与 DTA（差热分析）具有可比性，将 DTG 与 DTA 进行比较，可以判断出是质量变化引起的峰还是热量变化引起的峰，对此 TG 无能为力。

另外必须注意的是，DTG 的峰顶温度反映的是质量变化速率最大的时候的温度，而不是样品的分解温度。

4.2.3　影响因素

影响 TG 及 DTG 曲线的因素主要有仪器和实验条件两方面的因素，下面分别简要介绍。

4.2.3.1　仪器因素

仪器对 TG 及 DTG 曲线的影响可以总结为震动、浮力、冷凝和对流等因素对测试结果的影响，其中以浮力和冷凝的影响最为严重。

（1）震动　因为热重测量是连续不断测量不同温度或时间的质量变化，而震动会引起天平静止点的变化，这种变化也会被记录下来从而影响所得到的实验数据。因此，在测量热重时要严格防止震动。

（2）浮力　温度升高会使样品和热天平部件周围的气体发生热膨胀，从而使密度减小，造成表观增重，比如一个质量为 8g、体积为 3mL 的坩埚，由于加热时浮力的减小，将引起表观增重 2.5～5.4mg。据计算，300℃时的浮力降低到常温浮力的 1/2 左右，900℃时减少到 1/4 左右。解决的办法是在相同条件下做一组空白试验，并做一条基线，消除浮力效应造成的 TG 曲线的飘移。

（3）冷凝　试样受热分解或升华逸出的挥发物会在热天平的低温区再冷凝。这些冷凝物会污染仪器，并使测得的样品质量偏低。温度进一步上升还会使这些冷凝物再次挥发造成假失重，使 TG 曲线变形，所测得的数据不准确且难以重复。一般可以通过减小试样用量、选择合适的吹扫气体流量或使用较浅的试样皿减少冷凝效应带来的影响。

（4）对流　由于热天平处于常温中而试样处于高温环境下，这样会产生热对流。它会对试样产生向上（或向下）的力，使质量发生变化，进而影响测试的数据。可以采用设置热屏板，或者在天平部分和试样之间设置冷却水加以避免。还可以改变天平的梁、试样盘和炉子三者的相对位置来减少这种影响。

4.2.3.2 实验条件

实验条件对 TG 和 DTG 曲线的影响主要有升温速率、气氛和所用的样品，这些条件对热重曲线的影响都很大。

(1) 升温速率　升温速率的快慢会影响到 T_i 和 T_f，升温速率越快会使温度的滞后越大，进而使 $T_i \sim T_f$ 的分解温度区间增大，为了得到较好的热重曲线，一般把升温速率定为 $5 \sim 10℃/min$。

(2) 气氛　气氛对热重曲线的影响有气氛的种类和气氛的类型。一般常见的气氛有空气、O_2、N_2、He、Ar 等气体，需要根据不同的要求来选取不同的气氛，单一的热分解过程需选择 N_2 和 He 等惰性气氛，热氧化过程则需选择空气或 O_2 等气氛，它们所测得的 TG 和 DTG 曲线是不同的。此外，气氛还分为动态气氛和静态气氛，一般选择动态气氛，以便及时带走分解物。静态气氛只能用于分解前的稳定区域，或在强调减少温度梯度和热平衡时使用，它们对热重曲线也有一定的影响。

(3) 样品　样品的用量、粒度和装填情况都会影响热重曲线，为了得到较好的热重结果，一般要求测试样品的粒度不宜太大、装填的紧密程度适中。样品的量过大会使挥发物不易逸出并影响热重曲线变化的清晰度。因此，试样的用量应在热重测试的灵敏度范围内尽可能地减少。

此外，同样的样品在不同厂家、不同型号的仪器所得到的结果也会有所不同。所以进行热重分析是为了得到最佳的可比性，应该尽可能地稳定每次试验条件，以便尽可能减少误差，使分析结果更能说明问题。

4.2.4　测试技术

热重试验前要对温度进行校正，一般至少应当每半年进行一次温度校正。型号较早的热重分析仪采用居里点法和吊丝熔断法对其进行校正，对于 TG/DSC 联用仪，则可用标准物质同时进行温度标定和灵敏度校验。

居里点法是根据铁磁材料在外磁场作用下达到居里点时失去磁性表现失重的特性进行温度标定。将不同的金属（一般采用 5 种）或合金结合起来就可以在较大温度范围内进行标定，因为不同金属或合金的居里点不同。吊丝熔断法是将金属丝制成直径小于 0.25mm 的吊丝，用吊丝将一个约 5mg 的铂线圈砝码挂在热天平的试样容器一端，当温度超过金属吊丝熔点时，砝码掉下来，进而对温度进行标定。现在比较新型的热重分析仪可以直接用电子技术对热电偶进行校准。

进行 TG 实验前，需根据样品特点和对样品的要求，综合考虑上述各种因素的影响，按照操作规程进行实验。要根据对样品的要求（温度范围和升温速率）做基线（或调用符合要求的基线数据）。

为了确保实验的准确性和可重复性，最好先在待做的温度范围内进行老化实验，以消除湿气可能造成的影响，如做低温热重实验，则要反复抽真空-充氮气（氩气）过程以防止水分对热重曲线的影响。为了保证样品测试中不被氧化或与空气中的某种气体进行反应，需要对测量管腔进行反复抽真空并用惰性气体置换，一般需要置换 2 ~ 3 次。

热重实验中的样品制备对热重曲线的分析有很大的影响。首先要检查并保证测试样品及其分解产物不能与测量坩埚、支架、热电偶等部件或吹扫气体发生反应，否则可能损伤热重分析仪或得不到有效的实验数据。此外，样品可以是粉末、颗粒、片状、块状、固体和液体，但需保证与测量坩埚底部接触良好，样品的用量不宜过多或过少（一般为坩埚深度的 1/3 左右），对于热反应剧烈或在反应过程中易产生气泡的样品，应当适当减少样品用量。最后需要注意的是保证样品测量时，需待温度稳定和天平稳定后所计的数据才有效。除测试特别要求外，一般测量时坩埚应加盖，以防反应物因反应剧烈溅出而污染仪器。

4.3 差热分析法

差热分析（differential thermal analysis，DTA）是在程序控制温度下，测量样品与参比物之间的温度差和温度之间关系的一种技术。下面从差热分析的系统组成、基本原理、影响因素和测试方法分别简要介绍。

4.3.1 系统组成

差热分析仪主要由加热炉、热电偶、参比物、温差检测器、程序温度控制器、差热放大器、气氛控制器、X-Y 记录仪等组成，其中较关键的部件是加热炉、热电偶和参比物，其结构如图 4.4 所示。

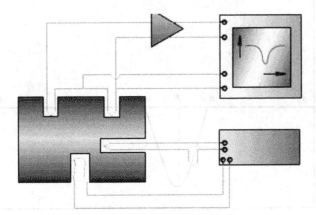

图 4.4　差热分析原理

如图 4.4 所示，两个小坩埚和样品池置于金属块（如钢）中相匹配的孔穴内，将参比物和样品分别放入坩埚内，并且所加入的量要相当。在盖板的中间孔穴和两边孔穴分别插入热电偶，以测量金属块和样品、参比物的温度。金属块通过电加热而慢慢升温，由于两个坩埚中热电偶产生的电信号正好相抵消，其输出信号也为零。只要样品发生变化，就可能伴随有热量的吸收或释放。例如，碳酸钙分解时放出 CO_2，产生吸热效应，温度就会低于参比物温度，它们之间产生温差，就会给出负信号；反之，如果由于相变或失重导致放热效应，样品的温度就会高于参比物，直到反应停止，此时两者温差会给出正信号，最后微机工作站会将这些信号转变成 DTA 曲线输出。

差热分析仪中的加热和温度控制装置与热重分析中使用的装置类似，根据热源的特性可分为电热丝加热炉、红外加热炉、高频感应加热炉等几种，其中最为常见的是电热丝加热炉。一般要求炉内温区均匀，以便试样与参比物均匀受热，并且炉子的结构对热电偶应无影响，否则会影响测试结果的准确性。

差热分析法的主要特点之一是能实时读取试样和参比物的实际温度的正确读数。根据使用仪器的不同，热电偶可以插入试样中，或者简化为与试样架直接接触。在任何情况下，热电偶对于每次试验都必须精确定位，参比物热电偶和试样热电偶对温度的影响应该相匹配，并且试样热电偶和参比物热电偶在炉内位置应该完全对称。热电偶的材料选择非常重要，一般选用镍铬-镍铝、铂-铂铑、铱-铑铱等材料作为热电偶材料，其中测试温度在1000℃以下的采用镍铬-镍铝热电偶，而在1000℃以上的则应采用铂-铂铑热电偶为宜。

4.3.2 基本原理

差热分析（DTA）是在程序控制温度下，测量试样和参比物的温度差与温度变化关系的技术。样品与参比物同时置于加热炉中，以相同的条件升温或降温，其中参比物在受热过程中不发生热效应。因此，当样品发生相变、分解、化合、升华、失水、熔化等热效应时，样品与参比物之间就会产生温差，利用热电偶可以测量出反应该温度差的差热电势，并经直流放大器放大后输入记录器即得到差热曲线。

图 4.5 是一个典型的吸热 DTA 曲线。纵坐标为试样与参比物的温度差（ΔT），向上表示放热，向下表示吸热，横坐标为温度（T）或时间（t）。

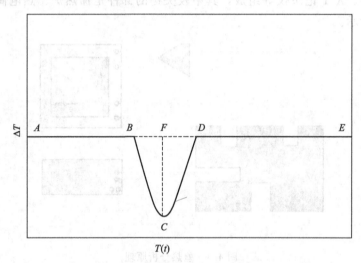

图 4.5　典型的 DTA 曲线

差热分析曲线反应的是过程中的热变化，物质发生的任何物理变化和化学变化，在DTA 曲线上都有相应的峰出现。如图 4.5 所示，AB 及 DE 是基线，是 DTA 曲线中 ΔT 不变的部分；B 点称为起始转变温度点，说明样品温度开始发生变化；BCD 为吸热峰，是指样品产生了吸热反应，温度低于参比物，峰形向下，ΔT 为负值，若为放热反应，则图中会出现放热峰，温度高于参比物，ΔT 为正值；BD 为峰宽，为曲线离开基线与回到基线之间的温度（或时间）之差；C 点为样品与参比物温差最大的点，它所对应的温度称为峰顶温度，通常用峰顶温度作为鉴别物质或其变化的定性依据；CF 为峰高，是自峰顶 C 至补插基线 BD 间的距离；$BFCD$ 的面积被称为峰封面积，面积有很多方法可以计算，具体方法可参考其他热分析书籍。

DTA 法可用来测定物质的熔点，实验表明，在某一定样品量的范围内，样品量与峰面积呈线性关系，而后者又与热效应成正比，故峰面积可以表征热效应的大小，是计量反应热的定量依据。但在给定条件下，峰的形状取决于样品的变化过程。因此，从峰的大小、峰宽和峰的对称性等还可以得到有关动力学的信息。根据 DTA 曲线中的吸热或放热峰的数目、形状和位置还可以对样品进行定性分析，并估测物质的纯度。

差热分析是将试样和参比物对称地放在样品架上的样品池内，并将其置于加热炉的恒温区内。当程序加热或冷却时，若样品没有热效应，样品与参比物没有温差，$\Delta T = 0$，此时记录的曲线为一水平线；若样品有热效应，则样品与参比物有温差，$\Delta T \neq 0$。如果是放热反应 $\Delta T > 0$，曲线偏离基线移动直到反应结束，再经过试样与参比物之间的热平衡过程而逐渐恢复到 $\Delta T = 0$，形成一个放热峰；如果是吸热反应，ΔT 为负值，曲线偏离基线移动形成吸热峰。样品在加热或冷却过程中常见的化学变化或物理变化的热效应见表 4.2。

表 4.2 差热分析中常见的物理变化或化学变化的热效应

物理变化	反应热		化学变化	反应热	
	吸热	放热		吸热	放热
晶型转变	+	+	化学吸附	−	+
熔化	+	−	去溶剂化	+	−
蒸发	+	−	脱水	+	−
升华	+	−	分解	+	+
吸附	−	+	氧化降解	−	+
脱附	+	−	氧化还原反应	+	+
吸收	+	−	固态反应	+	+

注：+ 表示可检测；− 表示观测不到。

4.3.3 影响因素

差热曲线的影响因素包括仪器、操作条件和试样三个方面。

(1) 仪器的因素　仪器的加热方式、炉子形状、尺寸对 DTA 曲线都有影响。这些因素会影响 DTA 曲线的基线稳定性和平直性。样品支持器对曲线也有很大的影响，尤其是均温块体的结构和材质，低热导率的材料（如陶瓷制成均温块体）对吸热过程有较好的分辨率，测得的峰面积较大。此外，试样支持器与参比物支持器要完全对称，它们在炉子中的位置及传热情况都要仔细考虑。

热电偶对 DTA 曲线上的峰形、峰面积及峰在温度轴的位置都有一定的影响。其中，热电偶的接点位置、类型和大小影响最大。热电偶的材料决定温度电势特性，同种材料制得的热电偶，其温度电势特性也不完全一致，相应的 DTA 曲线也不同。另外，要考虑热电偶接点对于试样和参比物的对称配置。不对称配置会使 DTA 曲线的重复性变差。还有一点，是仪器的电路系统的工作状态的影响，其中影响最大的是仪器的微伏直流放大器的抗干扰能力、信噪比和稳定性及对信号的响应能力。

(2) 操作条件的影响　升温速率是对 DTA 曲线产生最明显影响的实验条件之一，升温速率增大时，峰顶温度通常向高温方向移动，峰的大小和位置都有变化。气氛对 DTA 曲线也有很大的影响，不同性质的气氛（氧化气氛、还原气氛或惰性气氛）对 DTA 测定有较大的影响。气氛对试样的影响决定了气氛对 DTA 测定的影响。气氛对 DTA 测定的影响主要对那些可逆的固体热分解反应，而对不可逆的固体热分解反应影响不大。压力对 DTA 测定也有影响，对于不涉及气相的变化（晶型转变、熔融、结晶），转变前后体积基本不变或变化不大，压力对转变温度的影响很小，DTA 峰温基本不变。相反，有气相变化（热分解、升华、气化、氧化）的 DTA 测试受压力的影响很大。

(3) 试样的影响　试样的影响包括试样量、参比物和稀释剂的影响。试样用量越多，内部传热时间越长，所形成的温度梯度越大，DTA 峰形就会扩张，而且试样用量过多还会使分辨率下降，峰顶温度会移向高温，即温度滞后会更严重。作为参比物必须满足在所使用的温度范围内是热惰性的，且参比物与试样比热容及热导率要相同或接近，一般都采用 α-Al_2O_3（高温煅烧过的氧化铝粉末）。满足以上两个条件才能使 DTA 曲线基线漂移小。

表 4.3 列举了一些常用于差热分析的参比物质。对于无机样品，氧化铝、碳化硅常用作参比物，而对于有机样品，则可使用有机聚合物，例如硅油。

表 4.3　用于差热分析的常见参比物

化合物	温度极限/℃	反应性	化合物	温度极限/℃	反应性
碳化硅	2000	可能是催化剂	硅油	1000	惰性
玻璃粉	1500	惰性	石墨	3500	在无 O_2 气氛中是惰性的
氧化铝	2000	与卤代化合物反应	铁	1500	约 700℃ 晶型变化

为了使试样和参比物的热导率相匹配，还需要使用稀释剂。一般稀释剂可以选择表 4.3 所列的物质，但要求试样存在时稀释剂必须是惰性的。此外，稀释剂还可以使试样量维持恒定。

总之，DTA 的影响因素是多方面的、复杂的，有的也是较难控制的。因此，要用 DTA 进行定量分析，一般误差很大，比较困难。如果只作定性分析，主要看峰形和要求不很严格的反应温度，则很多因素可以忽略，只需考虑试样量和升温速率。

4.3.4　测试技术

这里主要介绍 DTA 测试过程中需要注意的一些事项，以便得到较好的测试结果，方便读者使用。

首先要做的是基线调整，因为基线呈向上突起时，其峰高、峰宽乃至求取峰面积均会带有一定的任意性，难以判断有怎样的热量变化。为避免这种情况，须调整在使用温度范围内的基线。操作方法主要是调整平衡旋钮，确保在使用温度范围内的实践坐标（以一定速率升温表示的温度坐标）变成趋于平行的直线。

其次就是选择试样容器，这里容器的选择要根据所测定的样品而定，预定温度在 500℃ 以下时用铝容器，超过 500℃ 则使用铂容器。如果发现与样品发生反应的容器则应使用氧化铝容器。根据试样的状态，也可加盖卷边或密封。

最后要注意的就是取样。对取样的要求也就是影响因素里面所提到的几点，再次提醒要注意的是尽量使试样内部的温度分布均一，试样容器和传感器的接触要良好，对于固相、液相向气相的反应（分解、脱水反应等）要注意控制其反应速率。

4.4　差示扫描量热法

差示扫描量热法（differential scanning calorimetry，DSC）是指在程序控制温度下，测量单位时间内输入到样品和参比物之间的功率差与温度关系的一种技术。它与 DTA 都是测定物质在不同温度下吸热或放热的变化。

4.4.1　系统组成与原理

根据测量方法，DSC 可以分为热流式差示扫描量热法和功率补偿式差示扫描量热法。

不同的测量方法所用的仪器结构也有所差异，下面就常用的功率补偿式差示扫描量热法作简要介绍。

功率补偿式 DSC 的结构如图 4.6 所示。其主要特点是分别具有独立的加热器和传感器对试样和参比物的温度进行监控，其中一个控制温度，使试样和参比物在预定的速率下升温或降温；另一个用于补偿试样和参比物之间所产生的温差。此温差是由试样的放热或吸热效应产生的。通过功率补偿使试样和参比物的温度保持相同，这样就可以通过补偿的功率直接求算热流率。

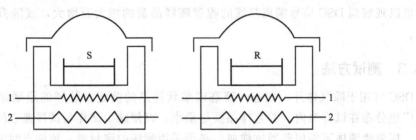

图 4.6　功率补偿型差示扫描量热法原理
S—试样；R—参比物；1—温度敏感元件；2—加热器

对于功率补偿式 DSC 技术要求试样和参比物温度比较严格，无论试样吸热或放热都要处于动态零位平衡状态，使 $\Delta T=0$，这是 DSC 与 DTA 技术最本质的区别，实现 $\Delta T=0$ 的办法就是通过功率补偿。

DSC 曲线图的分析参见 4.5 节热分析的应用。

4.4.2　影响因素

影响 DSC 的因素很复杂，总体上可以分为仪器因素、操作条件和试样三方面的影响，下面作简要介绍。

（1）仪器因素　炉子的结构和尺寸对 DSC 曲线有很大的影响，它包括试样和参比物是否放在同一容器内、热电偶置于样品皿内外、炉子采用内加热还是外加热、加热池及环境的结构几何因素等。因此不同仪器测得的结果差别较大，甚至同一仪器的重复性都欠佳。此外，均温块体也是影响基线好坏的重要因素，均温区好，其基线平直，检测性能稳定。热电偶的位置和形状也会影响 DSC 曲线结果，热电偶的位置不当会使曲线产生各种畸变。

（2）操作条件　对 DSC 影响的因素主要是升温速率和气氛，常用的升温速率范围为 $5\sim20℃/min$，一般都采用 $10℃/min$。升温速率会影响 DSC 的峰面积和峰的形状，升温速率较快会使峰面积增大、峰形状变陡，还会掩盖小峰使其分辨率变差，而低升温速率会使 DSC 的灵敏度变高。因此，应根据样品的实际情况，采用不同的升温速率。气氛的化学活性、流动状态、流速和压力等也会影响测试结果。可以被氧化的试样，在空气或氧气中会有很强的氧化放热峰，在 N_2 等惰性气体中则没有。因此，应根据不同的测试选用不同的气氛。

（3）样品和参比物　DSC 曲线峰面积和样品的热导率成反比，而热导率与样品颗粒大小和装填的疏密程度有关，接触越紧密，则传热性越好。在灵敏度足够的前提下，试样的用量应尽可能少，这样可以减少试样温度梯度带来的热滞后，一般以 $5\sim10mg$ 为宜，对于热效应很大的试样，可用热惰性物质（如 $\alpha\text{-}Al_2O_3$）稀释。ΔT 与 ΔW 均是样品与参比物之差，因此作为参比的物质自身在测试温度范围内必须保持物理与化学状态不变，除因热容升温吸热外，不得有任何热效应。在材料的热分析中，最为常用的参比物是 $\alpha\text{-}Al_2O_3$。

通常 DSC 在开始测定时信号并不是直线，而是向上或向下大幅度偏转，2～3min 后才会回到直线。这是因为 DSC 在扫描之前，加热炉内参比皿和试样皿是处于热平衡的，此时热流速率接近于零。若令加热炉以每分钟若干摄氏度强制升温，由加热器所产生的热量经导热性非常好的金属薄板源源不断地同时涌入参比皿和试样皿，使得两者以同样的温度上升。但因两者的质量（或比热容）不同，样品皿内多了待测试样质量，自然要较多的热量流入，所以可以观察到 DSC 信号偏离基线的程度随样品量的增大而增大，或随升温速率的增大而增大。

4.4.3 测试方法

DSC 可用于除气体外，固态、液态或浆状样品的测定。装样的原则是尽可能使样品既薄又广地分布在试样皿内，并且样品要尽量小，以便减少试样与试样皿之间的热阻。需注意的是，挥发性液体不能用普通试样皿，必须采用耐压的密封皿，测沸点时需要用盖上留有小孔的特殊试样皿。

在实验前要保证样品池清洁、仪器稳定，并选好温度区间以便得到一个较好的基线。如果样品池进行过清理或基线最佳化处理后则需要对仪器进行温度和能量的校正，一般采用 99.999% 的高纯铟进行温度和热量的校正。表 4.4 为一些常见的标准物质的温度校验标准。

表 4.4　ICTA 的 DSC/DTA 温度校验标准

物质名称	转变方式	转变温度/℃	转变热/(cal/g)
KNO_3	I	127.7	12.8
In	F	157.0	6.8
Sn	F	231.9	14.5
$BaCl_2 \cdot 2H_2O$	D	120	119
$KClO_4$	De	299.5	26.5
Pb	F	327.4	5.9
Zn	F	419.5	24.4
Al	F	658.5	95.2
SiO_2	I	573	4.83
$CaCO_3$	De	787	468

注：1. I 表示晶型转变，F 为熔化，D 为脱水，De 为分解。

2. 不同加热速率的校正值是不同的，必须选用测定时所用的速率来校正。

在操作过程中应注意用力不宜过大，以免样品池损坏。操作温度应根据不同的试样皿来选择，不宜过高，否则也会对试样皿造成很大的伤害。此外应该注意的是电路的连接不能短路，样品应该被封住。

4.5　热分析的应用

4.5.1　差热分析及差示扫描量热分析法的应用

操作 DTA 或 DSC 仪器，只需要将样品和参比物分别装入样品池和参比池中，以均匀的速率加热或冷却，然后连续测量并记录两者的温度差即可。不过由于 DTA 和 DSC 是一种动

力学的方法，因此各方面的技巧都必须标准化，以求得具有再现性的结果。这样的工作包括
样品的制备和仪器的校准。样品的制备方面，样品的颗粒大小和装填方式，或样品的稀释程
度和稀释液的性质都必须加以注意。此外，实验环境的控制也很重要，以抑制副反应，例如
压力变化所产生的化学反应等。仪器校准方面，多种校准用的标准物质被推荐使用。使用已
知转变热的标准物质测定系统的校准系数 K （$A = Km\Delta H$，A 是峰的面积，m 是样品的质
量，ΔH 是物理或化学过程的焓）。大多数的标准物质是纯金属，如锡、铅、银、铝等，但
许多高纯度的有机化合物（如苯甲酸等）也被应用。显然，标准物质必须合乎某些条件，例
如在转变过程中的化学稳定性、低的蒸汽压以及汽化热不影响转变热等。至于 DTA 图谱的
分析解读，以下举一实例加以说明。图 4.7 是含水草酸钙在有氧环境下的 DTA 图，温度的
上升速率是 8℃/min，其 DSC 曲线也类似。

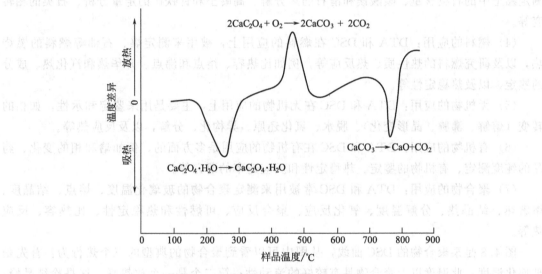

图 4.7　草酸钙水合物的 DTA 曲线

　　图 4.7 的 DTA 曲线是将单水合草酸钙在空气中加热所得。第一个吸热峰说明了草酸钙
加热到 220℃时会发生去水合的反应，而且该反应是一个吸热的反应。第二个吸热峰说明了
草酸钙加热到 800℃时会分解为氧化钙和二氧化碳，当然，这也是一个吸热反应。中间的放
热峰代表草酸钙和空气中的氧气作用，产生碳酸钙和二氧化碳，并且放出热量。如果以惰性
气体（如氮气）取代空气时，则中间的放热峰会消失，取而代之的是一个吸热峰，因为此时
草酸钙的分解是吸热反应，其产物为碳酸钙和一氧化碳。

　　如同之前所讨论的，DTA 和 DSC 曲线包含一系列的峰，以向上或向下的方式陈列在温
度轴上。它们在温度轴上的位置、数目、形状，可作为物质的定性鉴定。而峰的面积与物质
的质量与焓成正比的关系，因此可作为物质的定量估计与热化学的测定。由于 DTA 和 DSC
曲线受多种因素所影响，因此峰的温度和形状是相当经验性的。然而，对同一台 DTA 或
DSC 仪器而言，这些都具有良好的再现性，因此它们可以在实验室中被加以应用。

　　DTA 和 DSC 的应用很广，任何能产生焓变化或热容变化的现象都能用 DTA 或 DSC 来
测定与方析，只要仪器的灵敏度够高。举例来说，晶体的分解反应、聚合物的相图、油脂的
固态反应、配位化合物的脱水反应、糖的辐射损害、氨基酸和蛋白质的催化反应、金属盐水
化物的吸附热、氧化物的反应热、煤的聚合热、木材的升华热、天然物的转变热、有机化合

物和矿物的脱溶剂反应、金属或合金的固体-气体反应、土壤居里点的测定、生物材料的纯度测定，以及药物的热稳定性、氧化稳定性的测定等都适用于 DTA 和 DSC。以下简略介绍 DTA 和 DSC 在各研究领域的应用。

（1）生物材料的应用：DTA 和 DSC 在生物材料的应用大多数是鉴定与示性，例如蛋白质和氨基酸的热稳定性、淀粉的热降解、谷物的含水量、食用油的氧化稳定性、无水胆固醇的相转变等。

（2）催化剂的应用：DTA 和 DSC 被应用在研究催化剂的活性及催化剂最佳操作的各种条件，如催化剂的组成和温度对反应速率的影响，以及决定某一反应的最佳催化剂或是寻找催化性能的毒害等。

（3）黏土和矿物的应用：DTA 和 DSC 最早的应用是在黏土和矿物方面。这些应用包括测定黏土中的石英含量、碳酸镁和滑石的热分解、高岭土和针铁矿的定量分析、石英的相转变等。

（4）燃料的应用：DTA 和 DSC 在燃料的应用上，被用来测定煤、石油等燃料的燃烧热，以及研究燃料的热性质、热反应等，例如比热容、熔点和沸点、升华热和汽化热、成分的鉴定，以及热稳定性等。

（5）无机物的应用：DTA 和 DSC 在无机物的应用上，主要是用来鉴定和示性，如相的转变（熔解、沸腾、晶形变化）、脱水、氧化还原、异构化、分解，以及反应热等。

（6）有机物的应用：DTA 和 DSC 在有机物的应用是多方面的，例如熔和相的变化、药品的纯度测定、有机物的鉴定、热稳定性和反应速率的研究等。

（7）聚合物的应用：DTA 和 DSC 常被用来测定聚合物的玻璃化温度、熔点、结晶度、熔解热、结晶热、分解温度、氧化反应、聚合反应、可燃性和热稳定性、比热容、反应热等。

图 4.8 是某聚合物的 DSC 曲线，从图中可以看到聚合物的典型的三个热行为：首先是玻璃化温度，此温度以上聚合物具有较好的流动性；第二个是一个放热峰，这是冷结晶峰；最后是结晶熔融峰，从这个简单的 DSC 曲线就可以确定该聚合物的加工温度。比如要将它拉伸就需要将温度控制在玻璃化温度以上，冷结晶温度以下，这样可以避免因结晶而降低拉伸性能；如要将它热定型，则需将温度控制在冷结晶结束温度以上，熔融温度以下。

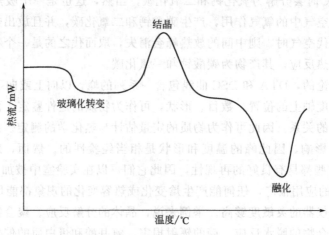

图 4.8　某聚合物的 DSC 曲线

4.5.2 热重分析法的应用

热重分析的应用非常广泛，凡是在加热过程中有质量变化的物质皆可应用。它可以用来分析研究无机和有机化合物的热分解、不同温度及气氛中金属的抗腐蚀性能、固体状态的变化、矿物的冶炼焙烧、液体蒸发和蒸馏、燃料的热解、挥发分的含量测定、蒸发升华速度测定、吸水脱水、聚合物的氧化降解、气化热的测定、催化剂和添加剂的评定、化合物组分的定性定量分析、老化和寿命测定、反应动力学研究等领域，而且其定量性较强，以下举例说明。

图 4.9 是一水合草酸钙的 TG 和 DTG 曲线，有三个非常明显的失重阶段。第一个阶段表示水分子的失去，第二个阶段表示 CaC_2O_4 分解为 $CaCO_3$，第三个阶段表示 $CaCO_3$ 分解为 CaO。当然，$CaC_2O_4 \cdot H_2O$ 的热失重比较典型，在实际上许多物质的热重曲线很可能是无法如此清晰地区分为各个阶段的，甚至会成为一条连续变化的曲线。这时，测定曲线在各个温度范围内的变化速率就显得格外重要，它是热重曲线的一阶导数，称为微分热重曲线。图 4.9 也显示出了 $CaC_2O_4 \cdot H_2O$ 的微分热重曲线（DTG）。微分热重曲线能很好地显示这些速率的变化。

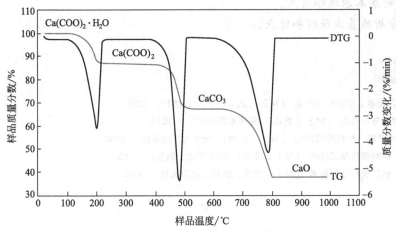

图 4.9 草酸钙的 TG、DTG 曲线

4.5.3 热分析技术的发展趋势

热分析技术自诞生以来已有百余年的历史。随着科学技术的发展，热分析技术不断展现出新的生机与活力。热分析技术的发展主要体现在如下三个方面。

（1）仪器的小型化 热分析仪器小型化和高性能是近年来发展的一个重要趋势。如日本理学的热流式 DSC，体积只相当于原先产品的 1/3，同时提高了仪器的灵敏度和精度。目前 DTA 和 TG 的使用温度可以扩展到 $-160 \sim 3000℃$，测温精度可达 $0.1℃$，天平灵敏度 $0.1\mu g$。

（2）热分析联用技术 热分析仪器的另一个趋势是将不同仪器的特长和功能结合，实现联用分析，扩大分析范围。一般来说，每种热分析技术只能了解物质性质的某些方面，只有多种分析方法的联用才能综合分析，相互补充，相互印证，从而获得更加全面准确的信息。事实上，目前市售的热分析仪器都具有 DTA、DSC 和 TG 等功能。

　　同时热分析技术还可以与气相色谱（GC）、质谱（MS）、红外光谱仪（IR）等仪器联合分析，对物质的热效应进行综合判断。如逸气检测技术（effluent gas detection，EGD），在一定温度下，利用热分析技术加 GC、MS 或 IR 的方法研究物质在加热过程中释放的气体的成分。

　　（3）自动化程度更高　热分析技术的新的一个发展趋势是自动化程度更高，许多公司推出的产品带有机械手的自动热分析测量系统，在相应的软件支持下，可以实现自动检测数十个样品，还能自动设定测量条件和处理、存储测试结果，使仪器的使用更简便、结果更精确、重复性和工作效率更高。

◆ **思考题** ◆

1．简述差热分析原理，并画出其装置示意图。
2．热分析用的参比物有何作用，对其性能有何要求？
3．影响差热分析的测试因素有哪些？
4．为什么 DTA 一般仅用作定性或半定量分析，DSC 是如何实现定量分析的？
5．简述 DSC 的基本原理和特点。
6．简述热重分析的基本原理和特点。

◆ **参考文献** ◆

［1］王培铭，许乾慰．材料研究方法［M］．北京：科学出版社，2005.
［2］董建新．材料分析方法［M］．北京：高等教育出版社，2014.
［3］杜希文，原续波．材料分析方法［M］．天津：天津大学出版社，2006.
［4］廖晓玲等．材料现代测试技术［M］．北京：冶金工业出版社，2010.
［5］朱和国等．材料现代分析技术［M］．北京：国防工业出版社，2012.

第5章　原子力显微镜

原子力显微镜（AFM）也称扫描力显微镜，是针对扫描隧道显微镜不能直接观测绝缘体表面形貌的问题，在其基础上发展起来的又一种新型表面分析仪器。AFM为扫描探针显微镜家族的一员，具有纳米级的分辨能力，其操作容易简便，是目前研究纳米科技和材料分析的最重要的工具之一。原子力显微镜是利用探针和样品间原子作用力的关系来获得样品的表面形貌。至今，原子力显微镜已发展出许多分析功能，原子力显微技术已经是当今科学研究中不可缺少的重要分析仪器。

5.1　原子力显微镜的基本知识

5.1.1　显微技术简介

5.1.1.1　前言

在近代仪器发展史上，显微技术一直随着人类科技进步而不断地快速发展，科学研究及材料发展也随着新的显微技术的发明，而推至前所未有的微小世界。自从1982年Binning与Robher等共同发明扫描穿隧显微镜（scanning tunneling microscope，STM）之后，人类在探讨原子尺度的欲望上，更向前跨出了一大步，对于材料表面现象的研究也能更加地深入。在这之前，能直接看到原子尺寸的仪器只有场离子显微镜（field ion microscopy，FIM）与电子显微镜（electron microscope，EM）。但碍于试片制备条件及操作环境的限制，对于原子尺寸的研究极为有限，而STM的发明则克服了这些问题。由于STM的原理主要是利用电子穿隧的效应来得到原子影像，材料须具备导电性，应用上有所限制，而在1986年Binning等利用此探针的观念又发展出原子力显微镜（atomic force microscope，AFM），AFM不但具有原子尺寸解析的能力，亦解决了STM只可用在导体上的限制，应用上更为方便。自扫描式穿隧显微镜问世以来，更有几十种类型的探针显微镜一直不断地被开发出来，以探针方式的扫描探针显微镜（scanning probe microscope，SPM）是个大家族，其中较熟识有如扫描式穿隧显微镜（STM）、近场光学显微镜（NSOM）、磁力显微镜（MFM）、化学力显微镜（CFM）、扫描式热电探针显微镜（SThM）、相位式探针显微镜（PDM）、静电力显微镜（EFM）、侧向摩擦力显微镜（LFM）、原子力显微镜（AFM）等。

5.1.1.2　原子力显微镜（AFM）综述

最早扫描式显微技术（STM）使我们能观察表面原子级影像，但是STM的样品基本上要求为导体，同时表面必须非常平整，而使STM的使用受到很大限制。目前的各种扫描式探针显微技术中，以原子力显微镜（AFM）应用最为广泛，AFM 是利用针尖与样品之间的原子级力场作用力，所以又被称为原子力显微镜。AFM 可适用于各种物品，如金属材料、高分子聚合物、生物细胞等，并可以在大气、真空、电性及液相等环境中操作，进行不同物性分析，所以 AFM 最大的特点是其在空气中或液体环境中都可以操作，因此，AFM 在生物材料、晶体生长、作用力的研究等方面有广泛的应用。根据针尖与样品材料的不同及针尖与样品距离的不同，针尖与样品之间的作用力可以是原子间斥力、范德华吸引力、弹性力、黏附力、磁力和静电力以及针尖在扫描时产生的摩擦力。通过控制并检测针尖与样品之间的这些作用力，不仅可以高分辨率表征样品的表面形貌，还可分析与作用力相应的表面性质：摩擦力显微镜可分析研究材料的摩擦系数；磁力显微镜可研究样品表面的磁畴分布，成为分析磁性材料的强有力工具；利用压电力显微镜可分析样品表面电势、薄膜的介电常数和沉积电荷等。另外，AFM 还可对原子和分子进行操纵、修饰和加工，并设计和创造出新的结构和物质。

5.1.2 原子力显微镜工作原理

5.1.2.1 原子力显微镜原理概述

原子力显微镜系统可以分成三个部分：力检测部分、位置检测部分、反馈系统。在本系统中要检测的力是原子与原子之间的范德华力，使用微小悬臂（cantilever）来检测原子之间力的变化量。微悬臂通常由一个一般 $100\sim500\mu m$ 长和大约 $500nm\sim5\mu m$ 厚的硅片或氮化硅片制成。微悬臂顶端有一个尖锐针尖，用来检测样品-针尖间的相互作用力。微悬臂有一定的规格，例如长度、宽度、弹性系数以及针尖的形状，而这些规格的选择是依照样品的特性以及操作模式的不同而选择不同类型的探针。当针尖与样品之间有了交互作用之后，会使得悬臂摆动，所以当激光照射在微悬臂的末端时，其反射光的位置也会因为悬臂摆动而有所改变，这就造成偏移量的产生。在整个系统中是依靠激光光斑位置检测器将偏移量记录下并转换成电的信号，以供 SPM 控制器作信号处理。聚焦到微悬臂上面的激光反射到激光位置检测器，通过对落在检测器四个象限的光强进行计算，可以得到由于表面形貌引起的微悬臂形变量大小，从而得到样品表面的不同信息。将信号经由激光检测器取入之后，在反馈系统中会将此信号当作反馈信号，作为内部的调整信号，并驱使通常由压电陶瓷管制作的扫描器做适当的移动，以使样品与针尖保持一定的作用力。AFM 系统使用压电陶瓷管制作的扫描器可以精确控制微小的扫描移动。压电陶瓷是一种性能奇特的材料，当在压电陶瓷对称的两个端面加上电压时，压电陶瓷会按特定的方向伸长或缩短。而伸长或缩短的尺寸与所加的电压的大小呈线性关系。也就是说，可以通过改变电压来控制压电陶瓷的微小伸缩。通常把三个分别代表 X，Y，Z 方向的压电陶瓷块组成三脚架的形状，通过控制 X，Y 方向伸缩达到驱动探针在样品表面扫描的目的；通过控制 Z 方向压电陶瓷的伸缩达到控制探针与样品之间距离的目的。原子力显微镜（AFM）便是结合以上三个部分来将样品的表面特性呈现出来的：在原子力显微镜（AFM）的系统中，使用微小悬臂来感测针尖与样品之间的相互作用，它们之间的作用力会使微悬臂摆动，再利用激光将光照射在悬臂的末端，当摆动形成时，会使反射光的位置改变而造成偏移量，此时激光检测器会记录此偏移量，也会把此时的信号反馈给系统，以利于系统做适当的调整，最后再将样品的表面特性以影像的方式呈现出来（图 5.1）。

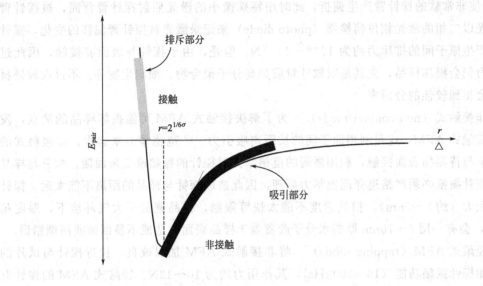

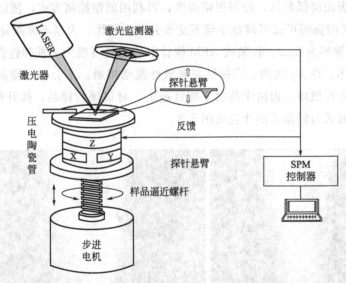

图 5.1　作用力与距离的关系及 AFM 工作原理

5.1.2.2　原子力显微镜的基本工作模式

　　原子力显微镜的工作模式是以针尖与样品之间作用力的形式来分类的。主要有三种基本操作模式，即接触式（contact）、非接触式（non-contact）及轻敲式（tapping），其中轻敲式也叫半接触式（semi-contact）。接触式及非接触式易受外界其他因素（如水分子的吸引）而造成刮伤材料表面及分辨率差所引起影像失真的问题，使用上会有限制，尤其在生物及高分子软性材料上。以下简单介绍三种形式的基本原理。

　　（1）接触式（contact mode）　从概念上来理解，接触模式是 AFM 最直接的成像模式。正如名字所描述的那样，AFM 在整个扫描成像过程之中，探针针尖始终与样品表面保持亲密的接触，而相互作用力是排斥力。利用探针的针尖与待测物表面之原子力交互作用（一定要接触），使非常软的探针臂产生偏折，此时用特殊微小的激光照射探针臂背面，被探针臂反射的激光以二相的激光相位侦检器（photo diode）来记录激光被探针臂偏移的变化，探针与样品间产生原子间的排斥力约为 $10^{-6} \sim 10^{-9}$ N。但是，由于探针与表面有接触，因此过大的作用力仍会损坏样品，尤其是对软性材质如高分子聚合物、细胞生物等。不过在较硬材料上通常会得到较佳的分辨率。

（2）非接触式（non-contact mode）　为了解决接触式 AFM 可能损坏样品的缺点，发展出了非接触式 AFM，这是利用原子间的长距离吸引力——范德华力来运作。非接触式的探针必须不与待测物表面接触，利用微弱的范德华力对探针的振幅改变来回馈。探针与样品的距离及探针振幅必须严格遵守范德华力原理，因此造成探针与样品的距离不能太远、探针振幅不能太大（约 $2 \sim 5$nm）、扫描速度不能太快等限制。样品置放于大气环境下，湿度超过 30％时，会有一层 $5 \sim 10$nm 厚的水分子膜覆盖于样品表面，造成不易回馈或回馈错误。

（3）轻敲式 AFM（tapping mode）　将非接触式 AFM 加以改良，拉近探针与试片的距离，增加探针振幅功能（$10 \sim 300$kHz），其作用力约为 $10 \sim 12$N。轻敲式 AFM 的探针有共振振动，探针振幅可调整到与材料表面有间歇性轻微跳动接触，探针在振荡至波谷时接触样品，由于样品的表面高低起伏，使得振幅改变，再利用回馈控制方式，便能取得高度方向影像。轻敲式 AFM 的振幅可适当调整小至不受水分子膜干扰，大至不硬敲样品表面而损伤探针，xy 面终极分辨率为 2nm。轻敲式 AFM 探针下压力量可视为一种弹性作用，不会对 z 方向造成永久性破坏。在 xy 方向，因探针是间歇性跳动接触，不会像对接触式在 xy 方向一直拖曳而造成永久性破坏。但由于高频率探针敲击，对很硬的样品，探针针尖可能受损，如图 5.2 所示。接触式与轻敲式的比较见图 5.3。

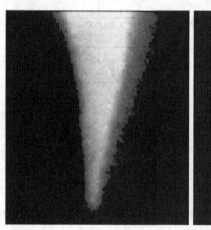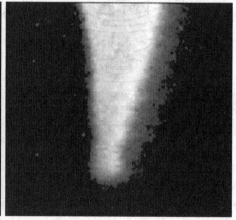

图 5.2　经轻敲击式后探针的针尖损耗

三种模式的比较如下。

（1）接触式

优点：扫描速度快，是唯一能够获得"原子分辨率"图像的 AFM。垂直方向上有明显变化的质硬样品，有时更适于用接触式扫描成像。

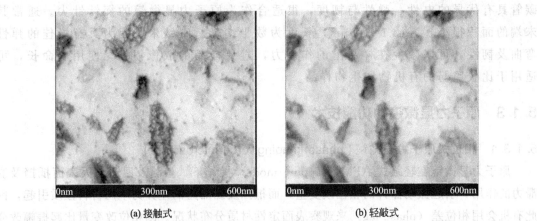

(a) 接触式   (b) 轻敲式

图 5.3 两种不同操作模式下得到的照片

缺点：在空气中，横向力影响图像质量，因为样品表面吸附液层的毛细作用使针尖与样品之间的黏着力很大，横向力与黏着力的合力导致图像空间分辨率降低，而且针尖刮擦样品会损坏软质样品（如生物样品、聚合体等）。

（2）非接触式

优点：没有力作用于样品表面。

缺点：由于针尖与样品分离，横向分辨率低；为了避免接触吸附层而导致针尖胶黏，其扫描速度低于轻敲式和接触式 AFM。通常仅用于非常怕水的样品，吸附液层必须薄，如果太厚，针尖会陷入液层，引起反馈不稳，刮擦样品。由于上述缺点，非接触式的使用受到限制。

（3）轻敲式

优点：很好地消除了横向力的影响。降低了由吸附液层引起的力，图像分辨率高，适于观测软、易碎或胶黏性样品，不会损伤其表面。

缺点：比接触式 AFM 的扫描速度慢。

5.1.2.3 原子力显微镜测量架构

AFM 的探针一般由悬臂梁及针尖所组成，主要原理是由针尖与试片间的原子作用力，使悬臂梁产生微细位移，以测得表面结构形状，其中最常用的距离控制方式为光束偏折技术。AFM 的主要结构可分为探针、偏移量侦测器、扫描仪、回馈电路及计算机控制系统五大部分。AFM 探针长度只有几微米长，探针放置于一弹性悬臂（cantilever）末端，探针一般由成分 Si、SiO_2、SiN_4、纳米碳管等所组成，当探针尖端和样品表面非常接近时，二者之间会产生一股作用力，其作用力的大小值会随着与样品距离的不同而变化，进而影响悬臂弯曲或偏斜的程度，以低功率激光打在悬臂末端上，利用一组感光二极管侦测器（photo detector）测量低功率激光反射角度的变化，因此当探针扫描过样品表面时，由于反射的激光角度的变化，感光二极管的电流也会随之不同，由测量电流的变化，可推算出这些悬臂被弯曲或歪斜的程度，输入计算机计算可产生样品表面三维空间的一张影像。

纳米碳管探针由于探针针尖的尖锐程度决定影像的分辨率，愈细的针尖相对可得到更高的分辨率，因此具有纳米尺寸的碳管探针，是目前探针材料的明日之星。纳米碳管（carbon nanotube）是由许多五碳环及六碳环所构成的空心圆柱体，因为纳米碳管具有优异的电性、弹性与韧度，很适合作为原子力显微镜的探针针尖。通常其末端的面积很小，直径 1～20nm，长度为数十纳米。碳纳米管因为具有极佳的弹性弯曲及韧性，可以减少在样品上的作用力，避免样品的成像损伤，使用寿命长，可适用于比较脆弱的有机物和生物样品。

5.1.3 原子力显微镜的功能技术

5.1.3.1 相位式原子力显微镜（phase imaging force microscope）

原子力显微镜在轻敲式 AFM（tapping mode）操作下，量测及回馈会因表面抵挡及黏滞力的作用，引起振动探针的相位改变量，而抵挡及黏滞力的差异为不同材料性质引起，因此有机会用相位差（phase lag）来观察表面定性材质分布状况。因相位改变量比起振幅改变量更敏感，可较易观察平面分布。在操作控制探针与表面的交互作用力上，可使用 light tapping 方式（较少力量）达到非破坏性分析，也可使用 hard tapping 方式（较大力量）达到穿透性，测量及回馈出表面特性，尤其对高分子聚合物及生物分子样品有非常好的性质观察。因为利用探针跳动扫描时表面的高度变化会影响振幅的大小，所以利用振幅变化可以得知表面的结构，但是当表面的成分不同时也会造成探针跳动频率变化，以及相位变化，例如当表面有些区域的性质特别软，造成探针在此区域扫描时跳动的频率变慢，且会产生相位差。因此，利用此特性让扫描探针显微镜能观察到除了表面形貌之外的不同成分性质，如图5.4 所示。

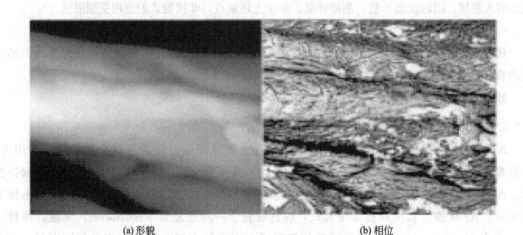

(a)形貌   (b)相位

图 5.4 相位原子力显微镜分析表面不同成分影像变化

5.1.3.2 扫描式磁场力显微镜（magnetic force microscope，MFM）

扫描式磁场力显微镜是利用具磁性的探针（Si）镀上一层磁性 Co-Cr 合金，第一次扫描时轻敲式 AFM 的振幅用来量测表面高低，分辨率 20～50nm。在提升第二次扫描时，振幅受现有磁场变化，依提升高度而变更，可为镭射光侦测器得知，此差异信号可用来判断表面磁场分布，容易同时得到 AFM 及磁场分布影像，但是磁场大小却无法得知。轻敲式和抬举式的操作应用，扫描前必须进行探针磁化，然后先以轻敲式取得高度变化的影像，然后再利用抬举式量测存在表面上方的磁场分布，因为探针已经经过磁化，所以在表面上方扫描时只会感应有磁场的区域，如图 5.5 所示。由于样品磁场大小有不一样的特性，不能使用具有强磁性的探针去扫描软磁性的样品，否则样品磁场会被强磁性的探针所干扰，造成一堆杂乱信号。

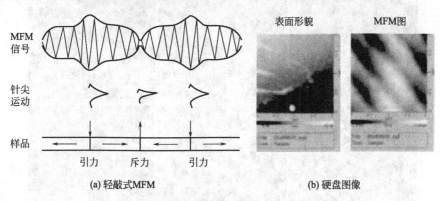

(a) 轻敲式 MFM   (b) 硬盘图像

图 5.5 扫描式磁场力显微镜磁场分布图像

5.1.3.3 侧向力显微镜 (lateral force microscope, LFM)

LFM 的作用方式主要是使探针与样品表面相接触并在表面上平移，利用探针移动时所受的样品表面摩擦力以及因样品表面高低起伏造成悬臂的偏斜量来探知样品的材质与表面特性。图 5.6 为在硅表面放置的单层 Langmuir-Blodgett (LB) 图像，通过每条扫描线（快速的扫描方向）从左到右扫描获得。再从快速的扫描方向相反扫描（从右到左）获得原像。

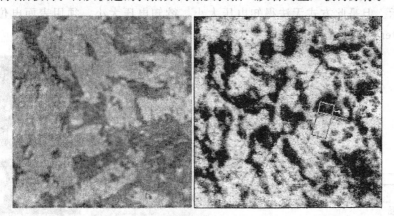

图 5.6 硅表面放置的单层 Langmuir-Blodgett (LB) 图像

5.1.3.4 扫描式热电探针显微镜 (scanning thermal microscope, SThM)

利用探针悬臂上加镀的电路，工件表面的温差会驱动电路产生电流，此电流可被测量得到。接触式或轻敲式 AFM，均可在变温控制下操作，以观察材质与温度的关系。SThM 可提供 50～250℃于空气中的操作，系统设计上有：①隔热保护装置，确保扫描仪不受热而尺寸失序；②探针温度补偿，使表面温度与输入温度一致；③可程序化温控。图 5.7 为 PP 高分子热度结晶变化的影像。

5.1.3.5 扫描式电场力显微镜 (electrical force microscope, EFM)

扫描式电场力显微镜是利用微小的导电探针对样品表面进行扫描，以获得样品表面形貌特征及探针与样品相互静电力作用的信息。因其具有分辨率高（可达原子水平分辨率），样品准备简单，受工作环境限制少，功能多样化等优点，国内外已将 EFM 应用到微纳米尺度下材料表面电荷的研究中。EFM 是利用提升操作 (lift mode eperation) 功能，首先将导电

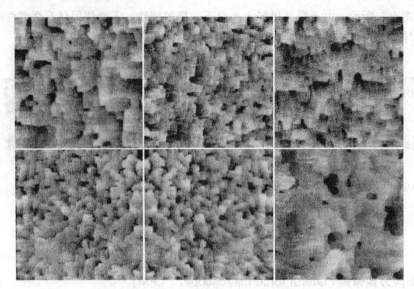

图 5.7　扫描式热梯度显微镜观察 PP 结晶热行为变化影像

探针在第一次扫描时，以轻敲式 AFM 的振幅来量测表面高低，在 Lift 第二次扫描时，振幅受到现有表面电场变化，依 Lift 提升高度而变更，这一变化可为镭射光侦测器得知，此差异信号可用来判断表面导电分布，扫描时同时得到表面高低及导电性分布影像的两张图像，如图 5.8 所示。但是此方式无法得知电压大小，欲知电压大小，须用表面电位仪（surface potential meter）方式量测。

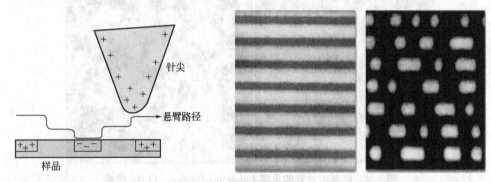

图 5.8　扫描式电场力显微镜 DVD-RW 电场影像

5.1.3.6　液相原子力显微镜（liquid cell force microscope）

对生物分子研究而言，对 DNA 基本结构及功能的了解一直是科学家追求的目标，早在 1953 年 DNA 双螺旋结构被发现后，使人了解遗传信息如何在这当中传送，并且也将生物研究推展到分子生物的领域，为了解个别分子的功能，许多解析分子结构的工具被发展出来；最先是 X-射线绕射方法（DNA 结构即由此方法解出），而后有核磁共振（NMR），再加上近年来的电子显微镜（SEM、TEM），但样品必须进行固化、切片、脱水、镀金等步骤，而无法得到生理含水环境下真实生物活性样品的形态，相对于以上的测量方法，原子力显微镜则提供了一个较好的方式。原子力显微镜，有极佳的横向分辨率，同时它可以在液相中进行生物活性样品扫描分析，如图 5.9 所示。因此原子力显微镜可以测量液相中生物分子的活性微结构的同时，又可减少对生物样品的破坏。近年来在生理条件下生物样本的量测几乎都以 AFM 为主要工具，它在进入液体中量测时并不会改变生物基本特性，所以对于生物样本而言是一个最直接且适应性高的方法。

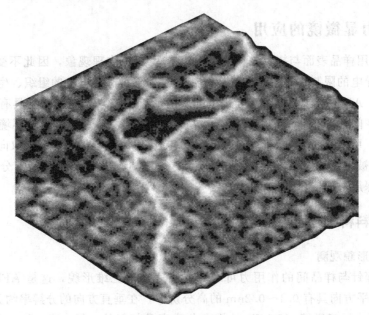

图 5.9　AFM 在液相中进行 DNA 扫描

5.1.3.7　微影操控术（nanolithography and nanomanipulation）

微影（lithography）及操控术（manipulation）是目前相当热门的研究题目。多年以来微影应用力量及电流方式，可在材料表面刻出或长出不同尺寸的纳米图案。目前研究上是针对如何划出 100nm 级图案、10nm 级线宽以及图案稳定性及操控性等工程议题。这些议题在设备上，目前可以使用封闭式回路控制扫描器（close loop scanner）解决。微影的要求均必须达到及时性，表示 AFM 扫描时，欲将某物从 a 移动至 b 时，可在移动后马上扫描，期间无需重新下探针动作，及时性就非常重要。目前挑战的题目有纳米级定位修补、表面重组、生化上强制接种加速实验。1990 年，IBM 公司的科学家展示了一项令世人瞠目结舌的成果，他们在金属镍表面用 35 个惰性气体氙原子组成 "IBM" 三个英文字母（见图 5.10）。科学家在试验中发现 STM 的探针不仅能得到原子图像，而且可以将原子在一个位置吸住，再搬运到另一个地方放下。这可真是个了不起的发现，因为这意味着人类从此可以对原子进行

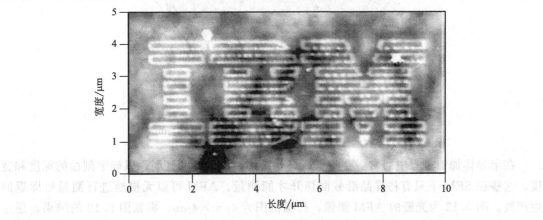

图 5.10　最小的 IBM 广告

操纵。

5.2　原子力显微镜的应用

AFM是利用样品表面与探针之间力的相互作用这一物理现象，因此不受STM等要求样品表面能够导电的限制，可对导体进行探测，对于不具有导电性的组织、生物材料和有机材料等绝缘体，AFM同样可得到高分辨率的表面形貌图像，从而使它更具有适应性，更具有广阔的应用空间。AFM可以在真空、超高真空、气体、溶液、电化学环境、常温和低温等环境下工作，可供研究时选择适当的环境，其基底可以是云母、硅、高取向热解石墨、玻璃等。AFM已被广泛地应用于表面分析的各个领域，通过对表面形貌的分析、归纳、总结，以获得更深层次的信息。

5.2.1　在材料科学方面中的应用

5.2.1.1　三维形貌观测

通过检测探针与样品间的作用力可表征样品表面的三维形貌，这是AFM最基本的功能。AFM在水平方向具有$0.1 \sim 0.2 nm$的高分辨率，在垂直方向的分辨率约为$0.01 nm$。尽管AFM和扫描电子显微镜（SEM）的横向分辨率是相似的，但AFM和SEM两种技术的最基本的区别在于处理试样深度变化时有不同的表征。由于表面的高低起伏状态能够准确地以数值的形式获取，AFM对表面整体图像进行分析可得到样品表面的粗糙度、颗粒度、平均梯度、孔结构和孔径分布等参数，也可对样品的形貌进行丰富的三维模拟显示，使图像更适合于人的直观视觉。图5.11就是接触式下得到的二氧化硅增透薄膜原子力图像，同时还可以逼真地看到其表面的三维形貌。

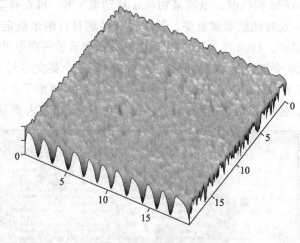

图5.11　二氧化硅增透薄膜原子力（单位：nm）

在半导体加工过程中通常需要测量高纵比结构，像沟槽和孔洞，以确定刻蚀的深度和宽度。这些在SEM下只有将样品沿截面切开才能测量。AFM可以无损地进行测量后即返回生产线。图5.12为光栅的AFM图像，扫描范围为$4 \mu m \times 4 \mu m$。根据图5.12的结果，通过峰形函数就可以定量测量刻槽的深度及宽度。

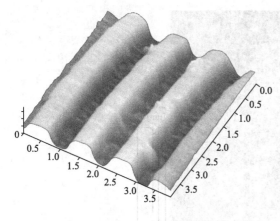

图 5.12 光栅的 AFM 图（单位：nm）

5.2.1.2 纳米材料与粉体材料的分析

在材料科学中，无论无机材料或有机材料，材料是晶态还是非晶态都要通过研究分子或原子的状态来判断产生化学及各种相的变化，以便找出结构与性质之间的规律。在这些研究中 AFM 可以使研究者从分子或原子水平直接观察晶体或非晶体的形貌、缺陷、空位能、聚集能及各种力的相互作用。这些对掌握结构与性能之间的关系有非常重要的作用。当今纳米材料是材料领域关注的课题，而 AFM 对纳米材料微观的研究中，也是分析测试工具。纳米材料科学的发展和纳米制备技术的进步，将需要更新的测试技术和表征手段，以评价纳米粒子的粒径、形貌、分散和团聚状况。原子力显微镜的横向分辨率为 0.1～0.2nm，纵向为 0.01nm，能够有效地表征纳米材料。纳米科学和技术是在纳米尺度上（0.1～100nm）研究物质（包括原子、分子）的特性和相互作用，并且利用这些特性的一个新兴科学。其最终目标是直接以物质在纳米尺度上表现出来的特性，制造具有特定功能的产品，实现生产力方式的飞跃。纳米科学包括纳米电子学、纳米机械学、纳米材料学、纳米生物学、纳米光学、纳米化学等多个研究领域。

纳米科学的不断成长和发展是与以扫描探针显微术（SPM）为代表的多种纳米尺度的研究手段的产生和发展密不可分的。可以说，SPM 的相继问世对纳米科技的诞生与发展起了根本性的推动作用，而纳米科技的发展又为 SPM 的应用提供了广阔的天地。SPM 是一个包括扫描隧道显微术（STM）、原子力显微术（AFM）等在内的多种显微技术的大家族。SPM 不仅能够以纳米级甚至是原子级空间分辨率在真空、大气或液体中来观测物质表面原子或分子的几何分布和态密度分布，确定物体局域光、电、磁、热和机械特性，而且具有广泛的应用性，如刻划纳米级微细线条，甚至实现原子和分子的操纵。这一集观察、分析及操作原子分子等功能于一体的技术已成为纳米科学研究中的主要工具。在粉体材料的研究中，粉体材料大量地存在于自然界和工业生产中，但目前对粉体材料的检测方法比较少，制样也比较困难。AFM 提供了一种新的检测手段。它的制样简单，容易操作。以微波加热法合成的低水合硼酸锌粉体为例，我们可以将其在酒精溶液中用超声波进行分散，然后置于新鲜的云母片上进行测试。其原子力显微图如图 5.13 所示，粒径约为 20nm。

5.2.1.3 成分分析

在电子显微镜中，用于成分分析的信号是 X 射线和背散射电子。X 射线是通过 SEM 系统中的能谱仪（EDS）和波谱仪（WDS）来提供元素分析的。在 SEM 中利用背散射电子所呈的背散射像又称为成分像。而在 AFM 中不能进行元素分析，但它在相位显像模式下可以根据材料的某些物理性能的不同来提供成分的信息。图 5.14 是利用轻敲模式下得到的原子力显微镜相位图像，它可以研究橡胶中填充 SiO_2 颗粒的微分布，并可以对 SiO_2 颗粒的微分布进行统计分析。

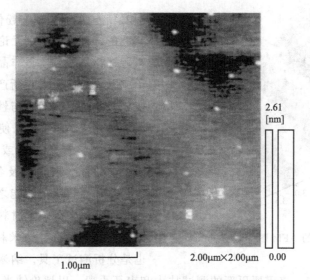

2.61
[nm]

2.00μm×2.00μm   0.00

1.00μm

图 5.13　硼酸锌的 AFM 图

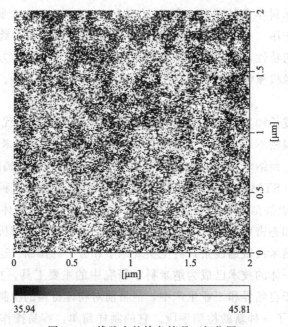

35.94   45.81

图 5.14　橡胶中的掺杂情况（相位图）

5.2.1.4　晶体生长方面的应用

　　晶体生长理论在发展过程中形成了很多模型，可是这些模型大多是理论分析的间接研究，它们和实际情况究竟有无出入，这是人们最为关心的。因而人们希望用显微手段直接观察到晶面生长的过程。用光学显微镜、相衬干涉显微镜、激光全息干涉术等对晶体晶面的生长进行直接观测，也取得了一些成果。但是，由于这些显微技术分辨率太低，或者是对实验条件要求过高，出现了很多限制因素，不容易对生长界面进行分子原子级别的直接观测。原子力显微镜则为我们提供了一个原子级观测研究晶体生长界面过程的全新有效工具。利用它的高分辨率和可以在溶液和大气环境下工作的能力，为我们精确地实时观察生长界面的原子级分辨图像、了解界面生长过程和机理创造了难得的机遇。近几年，国外学者已经开始利用原子力显微镜进行晶体生长机理的研究，特别是研究生长界面的动态过程，这些研究已经对传统的晶体生长理论和模型带来了冲击和挑战，在此基础上，晶体生长理论可望有新的突破。这方面的工作不仅有利于晶体生长理论本身的发展，而且有利于指导晶体生产实践，具有重要的理论和实际意义。应用原子力显微镜研究和修正晶体生长机理已取得以下一些比较典型的进展。

美国科学家展示了一种新技术，就是利用原子力显微镜（AFM）触发晶体生长的初结并实时地控制和观察晶体生长过程。美国西北大学的 Chad Mirkin 与同事用涂有多聚物的AFM 探针在石英基片上完成了对一种多聚物晶体的生长、观察和控制。Mirkin 小组先在室温下用 AFM 探针将一滴多聚 DL 赖氨酸（PLH）滴在石英基片上。接着，他们用探针扫描这个基片，扫描区域为 $8\mu m \times 8\mu m$。在不断地扫描过程中，他们先是发现了两块三角形的结晶，其中一块边长只有 320nm。他们看到这两颗"种子"不断地生长，同时其他的晶体也在不断出现。他们还发现如果在 AFM 探针上涂上一层 PLH 就可以对晶体的生长进行控制。在控制实验中，PLH 是直接滴在石英基片上的，他们造出了各种大小的随意结构和三角形晶体。当温度提升至 35℃ 时，他们发现晶体由三棱柱结构变成了立方体结构。如图 5.15 所示。这一对晶体的研究技术较之传统 X 射线衍射法，最小研究对象要小 5 个数量级。这一进展的意义是：以前由于晶体体积太小而无法用传统方法研究的晶体初期生长过程首次展示在人们面前。

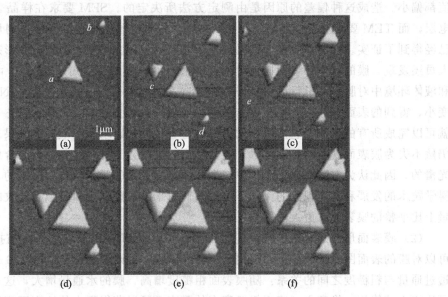

图 5.15　晶体的生长

5.2.1.5　在薄膜技术中的应用

随着膜技术的蓬勃发展，人们力图通过控制膜的表面形态结构，改进制膜的方法，进而提高膜的性能。在过去的多年的研究中，关于膜的制备、形态与性能之间的关系已经做了多方面的尝试和研究，而且这些尝试和研究对于膜的形成与透过机理都十分有价值，然而由于过程相当复杂，对其中的理解仍然是不够充分的。1988 年，当 AFM 发明以后，Albrecht等首次将其应用于聚合物膜表面形态的观测之中，为膜表面形态的研究开启了一扇新的大门。AFM 在膜技术中的应用相当广泛，它可以在大气环境下和水溶液环境中研究膜的表面形态，精确测定其孔径及孔径分布，还可在电解质溶液中测定膜表面的电荷性质，定量测定膜表面与胶体颗粒之间的相互作用力。无论在对哪个参数的测定中，AFM 都显示了其他方法所没有的优点，因此，其应用范围迅速增长，已经迅速变成膜科学技术中发展和研究的基本手段。

用于膜表面形态和结构特征研究的手段方法和很多，如扫描电子显微镜、压汞法、泡点法、气体吸附-脱附法、热孔法以及溶质透过特性等。其中只有扫描电子显微镜能够提供直接而又详细的资料，如孔形状和孔径分布。它在一段时期曾是微电子学的标准研究工具，它可以分辨出小至几个纳米的细节。但是这种显微镜要求试样表面涂覆金属并在真空中成像，三维分辨能力差，发射的高能电子可能会损坏试样表面而造成测量偏差。AFM 通过探针在试样表面来回扫描，生成可达到原子分辨率水平的图像，并不苛刻的操作条件（它可以在大气和液体环境中操作），以及试样不需进行任何预处理的特点，使其在膜技术中的应用引起了广泛的兴趣。

AFM 在膜技术中的应用与研究主要包括以下几个方面。

（1）膜表面结构的观察与测定，包括孔结构、孔尺寸、孔径分布。当一幅清晰的 AFM 图像得到后，在图像上选定一条线做线分析（line analysis），可做孔径和孔径分布的研究。在使用 AFM 观测膜的表面时，科研工作者不忘将其测定结果与其他方法得到的结果进行了比较。研究发现，AFM 的接触模式与非接触模式的测定结果相似，而 SEM 和 TEM 的测定值都偏小。造成这种偏差的原因是由测定方法所决定的。SEM 要求在样品表面覆盖一层导电层，而 TEM 要求制备样品的复制品。这些对试样的预先处理都会带来测量上的偏差。这已经得到了证实。同时，膜也有可能被电子光束所破坏。在膜表面结构和形态的观察中研究人员还发现，膜的操作环境同样会对测量结果产生影响。我们知道，AFM 可以在大气环境和液体环境中对膜表面进行成像扫描。Bowen 在研究微孔膜时发现，随着 NaCl 溶液浓度的变小，得到的表面图像和孔径测定结果都相对较差。因此，AFM 不是说按一个简单的按钮就可以完成所有的工作，它需要在测试时调整各种参数以求达到最好的结果。尽管如此，它仍然不失为膜表面观察的首选技术。通常认为，由高分子材料制备得到的合成膜表面应当是光滑的，因此认为在膜的制备过程中产生表面带有花纹的膜是不希望得到的。但是，随着膜科学技术的发展和对膜现象的深入了解，人们越来越意识到表面看似有花纹的膜在其透过通量上比平整的膜表面有更大的优势。

（2）膜表面形态的观察，确定其表面粗糙度。AFM 利用其先进的扫描技术和分析方法可以对膜的表面图像进行分析，得到其粗糙度参数。可以用 AFM 观察反渗透膜时找到膜的透过通量与粗糙度之间的关系：随膜表面粗糙度增高，膜的水通量增大，这是因为膜的有效面积增大的缘故。换言之，表面粗糙度大的膜表面可以获得更大的比表面积以及更大的透过通量。用 AFM 研究膜表面时还发现，膜表面的粗糙区可分为非晶形区和晶形区，而且膜表面的不规整性还会影响膜的物理化学性质。反渗透膜和超滤膜在水处理中存在的一个主要问题是膜污染。在对膜的粗糙度进行研究时发现，膜表面的粗糙度与膜污染之间存在一定的关系。Elimelech 等研究了被胶体污染了的醋酸纤维素反渗透膜和芳香聚酰胺反渗透复合膜，发现芳香聚酰胺复合膜的受污染程度高，这主要归因于复合膜表面的粗糙度高。而且膜表面图像也显示了醋酸纤维素反渗透膜较为平整的膜表面，芳香聚酰胺复合膜存在大量的"山峰"结构。Bowen 对纳滤膜的研究也得到了相似的结果。由上可见，AFM 对膜表面的粗糙度的分析，对膜的性能与表面形态之间的关系研究提供了极大的方便。

（3）膜表面污染时的变化，以及污染颗粒与膜表面之间的相互作用力，确定其污染程度。在研究膜的污染状况前，先看看 AFM 在其中的作用。AFM 可以通过测量悬臂的弯曲程度来测量膜表面与探针针尖之间的相互作用力。假设将针尖的硅/二氧化硅换以一球形颗粒附着在悬臂上，测量其与膜表面之间的作用力，便可知其在膜上的黏附程度，从而预见膜表面的污染状况，这种技术称为"胶粒探针"技术。随着技术的提高，颗粒的直径可以从 $0.75\mu m$ 做到 $15\mu m$。利用"胶粒探针"技术定量分析膜表面与各种材料之间的相互作用力使得快速评估不同颗粒在膜表面的污染状况成为可能，简化了膜的研制过程，并在膜材料的选择方面提供理论指导依据，从而推动低污染或无污染膜的快速发展。

（4）膜制备过程中相分离机理与不同形态膜表面之间的关系。高分子膜结构与相分离机理紧密相关，尤其是非晶形聚合物，相分离过程对膜的表面形态和结构影响极大。AFM 对膜表面形态与结构的成像与分析，对于膜制备过程中的成膜机理研究也带来了极大的帮助。

AFM 在膜技术方面显示了强大的应用能力。无论在空气中或是液体环境中，AFM 无需对膜进行任何可能破坏表面结构的预处理，就能生成高清晰度的膜表面图像。通过对膜表面形态、结构以及与颗粒间的相互作用力进行测定，使人们掌握膜的结构、形态与膜性能之间的关系，了解膜的抗污染程度，以及对成膜机理进行更深入的研究，推动膜科学技术的迅猛发展。

5.2.2 在其他有关方面中的应用

5.2.2.1 在生物学中的应用

由于 AFM 的高分辨率，并且可以在生理条件下进行操作和观察，AFM 在生物学中的应用越来越得到重视。利用 AFM 可以对细胞以及细胞膜进行观察。最先用 AFM 进行成像的细胞是干燥于盖玻片表面的固定的红细胞。在 AFM 成像中，扫描区域可变动于 $10\mu m$ 和 1nm 之间，甚至更小。因而它能够对整个细胞或单个分子成像，如离子通道和受体。对于研究细胞来讲，AFM 区别于其他工具最显著的优势是其可以在生理条件下进行细胞成像。如在生理盐水中对红细胞成像的辨别力为 30nm。AFM 为科学家在生理条件下研究细胞膜和膜蛋白的结构提供了有力的手段。Langmuir-Blodgett（LB）膜的 AFM 成像提供了脂质膜厚度的直接证据，这在以前已用间接的方法测定或只是一种理论推测。AFM 的高度辨别力是亚纳米水平的。LB 膜的分子水平成像表现出单个头部极性基团及分子排列，包括它们的广范围装配。研究这些膜的好处在于人们可随时改变脂质的组成，研究脂-脂相互作用、流动性及脂-蛋白间的相互作用。用 LB 膜进行研究的结论表明，AFM 对生物标本成像在一般情况下与电镜成像一致，但却有电镜所不具有的优越之处：即 AFM 是在近生理条件下成像。AFM 成像并非仅仅限于天然生物膜，而且可用于合成膜。利用这一点，人们可以合成特定物质所组成的生物膜，使蛋白质能够按一定的秩序镶嵌其内。这种技术对于那些在通常情况下不形成阵列的蛋白质的成像具有一定的意义。

AFM 由于其纳米级的分辨率，可以清楚地观察大分子，如 DNA、蛋白质、多糖的形貌结构。从首次用 AFM 获得 DNA 分子的图像以来，AFM 便成为研究 DNA 分子的重要工具。分子辨别水平（2～3nm）的双链 DNA 的成像也已能够在空气和液体中进行，其螺旋沟及轮廓可以辨认；DNA 分子的宽度和高度似乎依赖于操作环境（空气或溶液）、尖端特性及所用底物。单链 DNA 无论在何种辨别水平都较难成像。似乎还没有发现适宜的制备方法或底物。此外，AFM 还被应用于测定作用力和通过改变作用力而进行的微小结构加工等方面。通过改变探针的物理和化学性质，在不同的环境下来测量它与样品表面的作用力，从而可以获得样品的电性、磁性和黏弹性等方面的信息。AFM 的这一功能对于研究粒子之间的相互作用是非常有用的。处于微悬臂前端的探针在样品原子（分子）的作用下将使微悬臂产生形变。受吸引力的吸引时，针尖端将向样品弯曲，而受排斥力作用时，向远离样品的方向弯曲。这种形变一般采用光学装置来测量。在生命科学领域，可用 AFM 来探测 DNA 复制、蛋白质合成、药物反应等反应过程中的分子间力的作用，若对探针进行生物修饰，可以测量单个配体-受体对之间的结合力。若将单个生物分子的分子链尾端连接到 AFM 针尖上，AFM 则可根据探针上的特定分子与样品底物之间的结合来测定其力的大小。

5.2.2.2　在物理学中的应用

物理学中，AFM 可以用于研究金属和半导体的表面形貌、表面重构、表面电子态及动态过程，超导体表面结构和电子态层状材料中的电荷密度等。从理论上讲，金属的表面结构可由晶体结构推断出来，但实际上金属表面很复杂。衍射分析方法已经表明，在许多情况下，表面形成超晶体结构（称为表面重构），可使表面自由能达到最小值。而借助 AFM 可以方便地得到某些金属、半导体的重构图像。例如，Si（111）表面的 7×7 重构在表面科学中提出过多种理论和实验技术，而采用 AFM 与 STM 相结合的技术可获得硅活性表面 Si（111）—7×7 的原子级分辨率图像。AFM 已经获得了包括绝缘体和导体在内的许多不同材料的原子级分辨率图像。随着扫描探针显微镜（SPM）系列的发展和技术的不断成熟，使人类实现了纳秒与数十纳米尺度的过程模拟，从工程和技术的角度开始了微观摩擦学研究，提出了分子摩擦学和纳米摩擦学的新概念。

纳米摩擦学是摩擦学新的分支学科之一，它对纳米电子学、纳米材料学和纳米机械学的发展起着重要的推动作用，而原子力显微镜在摩擦学研究领域的应用又将极大地促进纳米摩擦学的发展。原子力显微镜不仅可以实现纳米级尺寸微力的测量，而且可以得到三维形貌、分形结构、横向力和相界等信息，尤其重要的是还可以实现过程的测量，达到实验与测量的统一，是进行纳米摩擦学研究的一种有力手段。近年来，应用原子力显微镜研究纳米摩擦、纳米磨损、纳米润滑、纳米摩擦化学反应和微型机电系统的纳米表面工程等方面都取得了一些重要进展。总之，原子力显微镜在纳米摩擦学研究中获得了越来越广泛的应用，已经成为进行纳米摩擦学研究的重要工具之一。扫描探针显微镜（SPM）系列的发展，使人们实现了纳米及纳米尺寸的过程模拟，微观摩擦学的研究在工程和技术上得到展开，并提出了纳米摩擦学的概念。纳米摩擦学将对纳米材料学、纳米电子学和纳米机械学的发展起着重要的推动作用。而 AFM 在摩擦学中的应用又将进一步促进纳米摩擦学的发展。AFM 在纳米摩擦、纳米润滑、纳米磨损、纳米摩擦化学反应和机电纳米表面加工等方面得到应用，它可以实现纳米级尺寸和纳米级微弱力的测量，可以获得相界、分形结构和横向力等信息的空间三维图像。在 AFM 探针上修饰纳米 MoO 单晶研究摩擦，发现了摩擦的各向异性。总之，原子力显微镜在纳米摩擦学研究中获得了越来越广泛的应用，已经成为进行纳米摩擦学研究的重要工具之一。

5.2.2.3　在化学中的应用

许多化学反应是在电极表面进行的，了解这些反应过程，研究反应的动力学问题是化学家们长期研究的题目。吸附物质将于表面形成吸附层，吸附层的原子分子结构、分子间相互作用是研究表面化学反应的前提与基础。在超高真空环境下，科学家们使用蒸发或升华的方法将气态分子或原子吸附在基底（一般为金属或半导体）上，再研究其结构。在溶液中，分子将自动吸附于电极表面。在电位的控制下，吸附层的结构将有不同的变化。此种变化本身与反应的热力学与动力学过程有关，由此可以研究不同种类物质的相互作用及反应。电化学STM 在这一领域的研究中已有很好的成果。例如：硫酸是重要的化工原料，硫酸在活性金属表面（如铑、铂等）上的吸附一直是表面化学和催化化学中的研究热点。尽管有关硫酸吸附的研究报告已有很多，但是其在电极表面的吸附是否有序、结构如何、表面催化变化过程、硫酸根离子与溶液中水分子的相互作用、水分子在硫酸的吸附结构形成中的作用等，长期没有明确结论。利用电化学 STM，研究人员在溶液中原位研究了这一体系的吸附及结构变化过程。研究发现，硫酸根离子在 Rh(111) 以及 Pt(111) 等表面与水分子共同吸附，水分子与硫酸根离子通过氢键结合形成有序结构。基于实验结果，研究人员提出了硫酸根离子与水分子吸附的理论并给出了模型。

利用电位控制表面吸附分子是电化学 STM 在化学研究中的又一成功应用范例。利用此技术，可以控制表面吸附分子在材料表面的结构及位向等。例如控制分子与基底平行的取向变为与基体垂直的取向。这种取向变化完全可逆，且只受电位影响，其行为类似于原子分子开关。这一研究为原子分子器件的发展提供了新的途径。光电反应是涉及生物、化学、环境、电子等众多学科的一类常见的重要化学反应，利用电化学 STM 可以跟踪监视光电化学反应过程，研究反应物分解与转化的微观机制，如分子吸附层结构、分子间的相互作用、分子分解以及生成物的结构等，现已受到众多领域学者的重视。总之，用 STM 技术研究表面化学反应已获得了许多成功，并展现了极具魅力的广阔前景。在未来的研究中，肯定会有更多的实验结果问世。

5.3　原子力显微镜的表面分析

图 5.16 为涂覆一层氧化锡红外反射薄膜的样品表面三维形貌图。从图 5.16 可以看出：因膜的层数较少，薄膜的厚度较薄，表现出表面较平整。一层薄膜的样品表面颗粒较密集，凹凸波动较小，颗粒排列较整齐。做几组对比可得掺杂 Sb 的浓度较大，则颗粒的粒度较

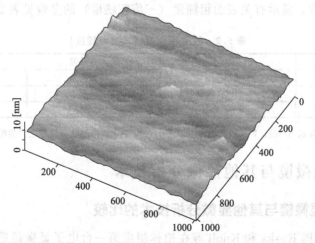

图 5.16　氧化锡红外反射薄膜的 AFM 立体图（单位：nm）

小。从图上可以看出颗粒并不是彼此独立的，而是已经交织连成一片。可以得出用溶胶-凝胶法镀膜得到的薄膜厚度较薄且颗粒度小，且工艺和所配制的溶胶对薄膜的影响很大，可以采用多次提拉、多次镀膜的方法取得较厚的薄膜，如果控制的恰当，可以得到较理想的薄膜。用原子力显微镜扫描后，也可以定量知道其粗糙度等有关参数，如图 5.17 所示。

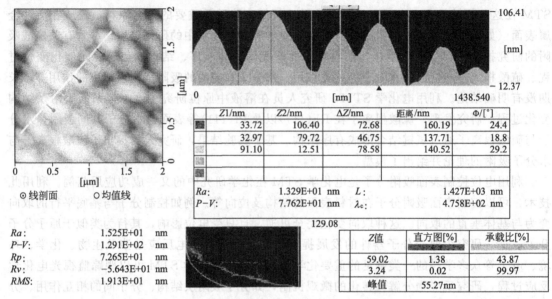

	Z1/nm	Z2/nm	ΔZ/nm	距离/nm	Φ/[°]
	33.72	106.40	72.68	160.19	24.4
	32.97	79.72	46.75	137.71	18.8
	91.10	12.51	78.58	140.52	29.2

Ra:	1.329E+01 nm	L:	1.427E+03 nm
$P-V$:	7.762E+01 nm	λ_c:	4.758E+02 nm

Ra: 1.525E+01 nm
$P-V$:   1.291E+02 nm
Rp: 7.265E+01 nm
Rv: −5.643E+01 nm
RMS: 1.913E+01 nm

⊙ 线剖面　　⊙ 均值线

Z值	直方图[%]	承载比[%]
59.02	1.38	43.87
3.24	0.02	99.97
峰值	55.27nm	

图 5.17　氧化锡红外反射薄膜的 AFM

图 5.17 中，显示有关断面粗糙度（二维粗糙度）的参数见表 5.1。

表 5.1　断面粗糙度（二维粗糙度）

中心线平均粗糙度	Ra	最大高低差	$P-V$
n 点平均粗糙度	$Rz(n=2\sim30$ 的偶数)	测定长度	L
切断值	λ_c	平均倾斜角	Δa

注：P 指波峰（peak of wave）；V 指波谷（valleg of wave）。$P-V$ 指波峰与波谷之间的距离，即最大高低之差。

表面粗糙度参数，显示有关表面粗糙度（三维粗糙度）的参数见表 5.2。

表 5.2　断面粗糙度（三维粗糙度）

平均面粗糙度	Ra	最大高低差	$P-V$
均方根粗糙度	RMS	平均倾斜角	Δa
n 点平均粗糙度	$Rz(n=2\sim30$ 的偶数)	表面积	S
表面力矩	S Ratio		

注：P 指波峰（peak of wave）；V 指波谷（valleg of wave）。$P-V$ 指波峰与波谷之间的距离，即最大高低之差。

5.4　原子力显微镜与其他显微分析技术

5.4.1　原子力显微镜与其他显微分析技术的比较

自从 1933 年德国 Ruska 和 Knoll 等在柏林制成第一台电子显微镜后，几十年来，有许多用于表面结构分析的现代仪器先后问世。如透射电子显微镜（TEM）、扫描电子显微镜

（SEM）、场电子显微镜（FEM）、场离子显微镜（FIM）、低能电子衍射（LEED）、俄歇谱仪（AES）、光电子能谱（ESCA）、电子探针等。这些技术在表面科学各领域的研究中起着重要的作用。但任何一种技术在应用中都会存在这样或那样的局限性，例如，LEED 及 X 射线衍射等衍射方法要求样品具备周期性结构，光学显微镜和 SEM 的分辨率不足以分辨出表面原子，高分辨 TEM 主要用于薄层样品的体相和界面研究，FEM 和 FIM 只能探测在半径小于 100nm 的针尖上的原子结构和二维几何性质，且制样技术复杂，可用来作为样品的研究对象十分有限；还有一些表面分析技术，如 X 射线光电子能谱（ELS）等只能提供空间平均的电子结构信息；有的技术只能获得间接结果，还需要用试差模型来拟合。此外，上述一些分析技术对测量环境也有特殊要求，例如真空条件等。扫描隧道显微镜的出现，使人类第一次能够实时地观察单个原子在物质表面的排列状态和与表面电子行为有关的物理、化学性质，在表面科学、材料科学、生命科学等领域的研究中有着重大的意义和广阔的应用前景。

在 STM 出现以后，又陆续发展了一系列工作原理相似的新型显微技术，包括原子力显微镜，以原子力显微镜为代表的扫描探针技术（SPM）与其他显微分析技术相比有以下特点。

（1）原子级高分辨率。如 STM 在平行和垂直于样品表面方向的分辨率分别可达 0.1nm 和 0.01nm，可以分辨出单个原子，具有原子级的分辨率。图 5.18 比较了 SPM 与其他显微技术的分辨率。

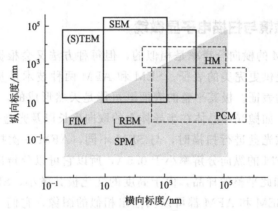

图 5.18　扫描探针显微镜（SPM）与其他显微镜
技术的分辨本领范围比较

HM—高分辨光学显微镜；PCM—相反差显微镜；SPM—扫描探针显微镜；
（S）TEM—（扫描）透射电子显微镜；FIM—场离子显微镜；REM—反射电子显微镜；SEM—扫描电子显微镜

（2）可实时地得到实空间中表面的三维图像，可用于具有周期性或不具备周期性的表面结构研究。这种可实时观测的性能可用于表面扩散等动态过程的研究。

（3）可以观察单个原子层的局部表面结构，而不是体相或整个表面的平均性质。因而可直接观察到表面缺陷、表面重构、表面吸附体的形态和位置，以及由吸附体引起的表面重构等。

（4）可在真空、大气、常温等不同环境下工作，甚至可将样品浸在水和其他溶液中，不需要特别的制样技术，并且探测过程对样品无损伤。这些特点适用于研究生物样品和在不同试验条件下对样品表面的评价，例如对于多相催化机理、超导机制、电化学反应过程中电极表面变化的监测等。

（5）配合扫描隧道谱（scanning tunneling spectroscopy，STS）可以得到有关表面结构的信息，例如表面不同层次的态密度、表面电子阱、电荷密度波、表面势垒的变化和能隙结构等。

表 5.3 是扫描探针显微镜（SPM）与其他显微镜技术的各项性能指标比较。

表 5.3　扫描探针显微镜（SPM）与其他显微镜技术的各项性能指标比较

项目	分辨率	工作环境/样品环境	温度	对样品破坏程度	检测深度
扫描探针显微镜（SPM）	原子级(0.1nm)	室环境、大气、溶液、真空	室温或低温	无	$100\mu m$ 量级
透射电镜(TEM)	点分辨(0.3~0.5nm) 晶格分辨(0.1~0.2nm)	高真空	室温	小	接近 SEM，但实际上为样品厚度所限，一般小于 100nm
扫描电镜(SEM)	6~10nm	高真空	室温	小	10nm(10 倍时) $1\mu m$(10000 倍时)
场离子显微镜(FIM)	原子级	超高真空	30~80K	有	原子厚度

此外，对于技术本身，SPM 具有的设备相对简单、体积小、价格便宜、对安装环境要求较低、对样品无特殊要求、制样容易、检测快捷、操作简便等特点，同时 SPM 的日常维护和运行费用也十分低廉，因此，SPM 技术一经发明，就带动纳米科技快速发展，并在很短的时间内得到广泛应用。

5.4.2　原子力显微镜与扫描电子显微镜

尽管 SEM 和 AFM 的横向分辨率是相似的，但每种方法又会根据观察者对试样表面所要了解的信息不同而提供更完美的表征。SEM 和 AFM 两种技术最基本的区别在于处理试样深度变化时有不同的表征。极其平整的表面既可能是天然形成的，如某些矿物晶体表面，也可能是经过处理的，如抛光和晶体在半导体上的取向生长以及光盘表面等。对经过王水处理去掉外层保护膜的磁光盘进行扫描时，与 SEM 不同，AFM 一次扫描即可完成三维测量（X、Y、Z）。由于 AFM 的纵向分辨率小于 0.5Å，所以它可以分辨出光盘在垂直方向不足 100nm 凹坑。而对于如此平整的样品，由于高度的变化极其微小，SEM 却很难分辨出这些特征。对于多数薄膜 SEM 和 AFM 都可以扫描出相似的图像，它们一个共同的应用就是观测随着沉积参数的变化（例如温度、压力、时间等）而引起的形态变化。许多样品用 SEM 和 AFM 都可以扫描出相似的表面结构的图像。然而，对于这个试样上可以获得的其他信息，SEM 和 AFM 是不同的，AFM 可以将测量到的试样 X、Y、Z 三个方向的特征，用于计算样品凹凸的变化以及由于沉积参数的不同试样表面面积的变化。对于 SEM，一次可以在比较大的视域内（几毫米）采集到表面结构的变化，而 AFM 最多可以观察到 $100\mu m \times 100\mu m$ 范围内的变化。另外，利用两种不同的技术采集到的图像在高度上的解释稍有不同。在 SEM 图像，由于电荷在斜面会增加电子在试样表面的发射，所以表现在图像上会产生更高的强度，然而有时很难确定它是向上倾斜还是向下倾斜。而 AFM 的测量数据包含了高度的信息，因此可以直截了当地确定扫描部分是凸起还是下凹。

半导体加工通常需要测量高纵横比结构，像沟槽和孔洞，确定刻蚀深度。然而如此信息用 SEM 技术是无法直接得到的，除非将样品沿截面切开。AFM 技术则恰恰弥补了 SEM 的这一不足，它只扫描试样的表面即可得到高度信息，且测量是无损的，半导体材料在测量后即可返回到生产线。AFM 不仅可以直观地看到光栅的形貌，而且它的宽度以及刻槽的深度都可以定量测量。SEM 技术的一个主要优点是它可以把在垂直方向有几个毫米的粗糙表面的样品扫描成像。尽管 AFM 可以探测到试样表面垂直方向小于 0.5Å 的变化，但对于垂直方向变化比较大的试样，AFM 则显得力不从心。SEM 和 AFM 是两种类型的显微镜，它们最根本的区别在于它们操作的环境不同。

SEM 需要在真空环境中进行，而 AFM 是在空气中或液体环境中操作。环境问题有时对解决具体样品显得尤为重要。首先，我们经常遇到的是像生物材料这一类含水试样的研究问题。这两种技术通过不同的方法互为补偿，SEM 需要环境室，而 AFM 则需要液体池。其次，由于 SEM 这一技术的特性决定了它需要在真空环境中工作，由此带来的问题是样品必须是适合真空的，样品表面是导电的以及要保持一定的真空度。对于不导电的样品，可以用真空镀膜技术覆盖上导电的表面层，当然还可以用低加速电压操作，或者在环境室（低真空）中工作，而后者是以牺牲图像的质量和分辨率为代价的。AFM 的最大特点是可以将不导电的样品表面在液体池中扫描出高分辨的图像。通常 AFM 扫描含水的试样是把它和扫描探针放在液体中进行的，因为 AFM 不是以导电性为基础，所以图像和扫描模件在液体中都不会受干扰。AFM 最常见的应用是在生物材料、晶体生长、作用力的研究等方面。虽然 SEM 和 AFM 的表现形式非常不同，但二者有着许多相似之处：① 两种技术都是探针在样品表面做光栅式扫描，通过检测器检测到探针与样品表面相互作用而形成的一幅图像。② 它们的横向分辨率在数量级上是一样的（尽管在一定的条件下 AFM 更优于 SEM）。③它们都是人们认可的获得高分辨率图像最常用和有效的方法。扫描电镜的发展要早于、成熟于原子力显微镜，但是最近几年原子力显微镜的迅速发展，以及它所发挥的作用也是不容忽视的。扫描电镜和原子力显微镜是互为补充的两种图像技术。

◆ 思考题 ◆

1. 原子力显微镜由哪些部分组成？其工作原理是什么？
2. 原子力显微镜有几种工作模式？各有什么优缺点？
3. 原子力显微镜的应用领域是什么？
4. 通过原子力显微镜技术，我们可以获得哪些信息？
5. 与扫描电子显微镜相比，原子力显微镜有什么优势？

◆ 参考文献 ◆

[1] 白春礼. 扫描隧道显微术及其应用 [M]. 上海：上海科技出版社，1992.

[2] 日本精工仪器公司. SPM400 操作手册，2002.

[3] 刘有台. 原子力显微镜原理及应用技术 [J]. 生物在线，2007.

[4] S. J. B. 里德. 电子探针显微分析 [M]. 林天辉，章靖国译. 上海：上海科学技术出版社，1980.

[5] Bining G, Rohrer H, Gerber C, et al. Tunneling through a controllable vacuum gap [J]. Appl Phys Lett, 1982, 40: 178-180.

[6] Mathias Gaken. Studies of Metallic Surfaces and Microstructures with Atomic ForceMicroscopy [J]. Veeco Instruments Inc, 2004.

[7] 马荣骏. 原子力显微镜及其应用 [J]. 矿冶工程，2005, 08: 62-65.

[8] 刘小虹，颜肖慈，罗明道等. 原子力显微镜及其应用 [J]. 科技进展，24（1）：36-40.

[9] 刘延辉，王弘，孙大亮等. 原子力显微镜及其在各个研究领域的应用 [J]. Science and Technology Review, 2003, 03: 9-13.

[10] 钱欣，程蓉. 原子力显微镜在合成膜表征中的应用 [J]. 膜科学与技术，2004, 04: 62-67.

[11] Mulder M. 膜技术基本原理 [M]. 第2版. 李琳译. 北京：清华大学出版社，1999: 54-55.

[12] Binning G, Quate C F, Gerber C. Atomic forcemicroscopy [J]. Phys Rev Lett, 1986, 56: 930-933.

[13] 伍媛婷，王秀峰，程冰. 原子力显微镜在材料研究中的应用 [J]. 稀有金属快报，2005, 24(4): 33-37.

[14] 喻敏. 原子力显微镜的原理及应用 [D]. 北京大学生物医学工程，2005.

[15] 杨英歌，周海，卢一民. 原子力显微镜在材料研究中的应用 [J]. 显微与测量，2008, 10: 68-71.

[16] Yang D Q, Sacher E, Meunier M. The early stage of silicon surface dama ge induced by pulse CO_2 laser radiation: an AFM study [J]. Applied Surface Science, 2004(1-4): 365-373.

[17] 马孜，吕百达. 光学薄膜表面形貌的原子力显微镜观察 [J]. 电子显微学报，2000, 10: 704-708.

[18] 刘新星，胡岳华. 原子力显微镜及其在矿物加工中的应用 [J]. 矿冶工程，2003, 3(1): 32-35.

[19] 胡秀琴，牟其善，程传福. 利用原子力显微镜研究晶体缺陷 [J]. 山东科学，2003, 06(2): 35-39.

[20] 隋娟玲，孙珊. 扫描电子显微镜和原子力显微镜——表面观察的互补技术 [J]. 矿冶工程，2004, 09(3): 95-97.

[21] 杨南如. 无机非金属材料测试方法 [M]. 武汉：武汉理工大学出版社，1993.

[22] 黄新民，解挺. 材料分析测试方法 [M]. 北京：国防工业出版社，2006.

第6章 常用物性测试分析方法

功能材料可实现不同功能特性相互转化，常用于各类高科技领域中功能元器件的制造。在现代社会中，新材料是国民经济发展的三大支柱之一，而功能材料是新材料领域的核心，是国民经济、社会发展及国防建设的基础和先导。在各种功能材料中，材料的磁学性能、电学性能、热学性能格外受到大家关注。本节主要讲述常用的材料物性测试技术。

6.1 磁性测量系统

材料基本物理性质的测量之一就是磁性测量，随着科学技术的进步，精密磁强计也在不断发展。美国 QD（quantum design）公司的产品 MPMS（magnetic property measurement system），俗称 SQUID 磁强计，在 $0\sim7\mathrm{T}[1\mathrm{T}=1\mathrm{N}/(\mathrm{A}\cdot\mathrm{m})]$ 的磁场范围和 $1.8\sim1000\mathrm{K}$ 的温度范围内，对材料可以进行高精度的直流磁化强度和交流磁化率的测量。MPMS 磁性测量系统（图 6.1）内置了高灵敏的磁信号检测装置 SQUID（superconducting quantum interference device），它包括 SQUID 感应线圈、测量线圈、可隔离射频干扰的射频变压器和 SQUID 传感器。两组串联反接的线圈组成的探测线圈，置于超导磁体的均匀区中，当样品在线圈中移动时，便产生感应电动势。隔离变压器屏蔽掉超导磁体周围环境的干扰后，将样品的信号传输给信号线圈，再由信号线圈将磁通耦合传到 SQUID 传感器，最后信号由输出线圈输入到放大器，用以检测与样品磁通变化成比例的输出电压信号，进而测量出样品的磁矩值。MPMS 采用超导量子干涉器件（SQUID）测量直流磁化强度的磁场变化范围 $0\sim\pm7\mathrm{T}$，精度为 $0.1\mathrm{mT}$；磁矩测量范围 $1\times10^{-7}\sim300\mathrm{emu}$，灵敏度达到 $10^{-8}\mathrm{emu}$，任何其他磁测量设备无法达到如此高的精度。美国 QD 公司于 20 世纪 80 年代初以 MPMS 起家，经过 20 余年的研究和设计，该产品已经成为高精度磁测量领域的顶尖产品，同时成为 QD 公司高可靠性、高自动化的标志。国际上所有著名大学的相关实验室和研究机构都在使用这套设备，下面将介绍其设计原理、测量模式、主要应用和使用需要注意的问题。

6.1.1 设计原理

MPMS 由一个基系统和各种选件两部分构成，根据内部集成的超导磁体磁场强度的大小，基系统可以分为 1T、5T 和 7T 三种。基系统主要包括超导 SQUID 探测系统、软件操作系统、温控系统、磁场控制系统、样品操作系统和气体控制系统等几个模块。在基系统的基础上，QD 公司设计了各种选件以拓展和完善该产品的应用领域。

6.1.1.1 SQUID 探测系统

SQUID 探测系统包括超导探测线圈、SQUID 和超导磁屏蔽三部分。超导探测线圈与超

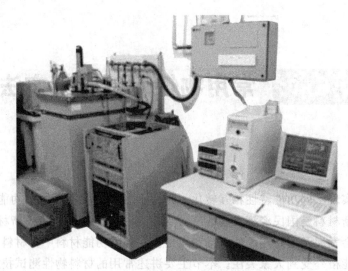

图 6.1　MPMS 超导量子干涉磁强计

导磁体同轴，在样品腔的外部，属于二阶梯度计结构。该结构由 3 组串联线圈组成，顶部和底部为顺时针单匝线圈，中部为双匝逆时针线圈，可以减小磁场的波动和漂移对测量带来的影响。此外，MPMS 提供横向磁矩探测线圈，采用 EDR 选件，其测量范围可扩展至 300emu。SQUID 并不是直接测量磁场，而是通过超导线与超导探测线圈相连。样品在探测线圈中移动时，线圈中产生感应电流，而 SQUID 电子器件将该电流按严格的比例转换为电压信号。因此，在超导磁屏蔽的保护下，SQUID 器件为 MPMS 提供高灵敏的电流电压转换。在测量过程中，样品沿超导探测线圈轴线移动，进而在探测线圈中产生感应电流。因为探测线圈、连线和 SQUID 输入信号线组成一个超导闭环，探测线圈中任何的磁通变化都会引起闭环内部电流的相应变化，通过 SQUID 的信号转换，就可以得到和样品磁矩严格对应的电压信号。因此，用标样校正过以后，就可以通过该电压信号精确地得到样品的磁矩。因为 SQUID 对磁场的波动非常灵敏，正常工作需要磁场有非常高的稳定度，因此良好的磁屏蔽是必要的。

6.1.1.2　温控系统模块

MPMS 的控温系统有三个特点：一个是使用 PID 控制，实现高度自动控制下的精确控温；另一个是其双流阻专利设计使得温度扫描平稳地通过 4.2K 和 2.17K 两个相变点，可在 1.8～400K（用样品炉选件可达到 1000K）温度范围内各点无限停留并保持稳定；最后，在温度扫描的同时可以进行数据采集，节省时间。温度控制模块包括真空泵、流量计、电磁阀、两个并联流阻、两个 CERNOX 温度计、两个加热丝和 1802 电子控制柜。媒质为氦气，由外部的杜瓦提供。两个温度计分别在样品腔的底部和中部，其中底部的温度计安装有磁屏蔽，用以作 10K 以下的温度控制，中部的温度计则用于 14～400K 的温区，而 10～14K 之间由实验基础上得出的虚拟温度计来控制。$T \leqslant 10K$，温度稳定性为 0.2%，$T > 10K$，温度稳定性为 0.02%；变温速率：0.001～10K/min。样品腔内温度梯度：0.1K/8cm（$T = 235K$）；1.0K/15cm（$T = 235K$）。在升降温过程中，氦气从杜瓦经流阻，通过夹层，然后抽出系统。经过夹层底部时被加热丝加热，氦气达到适宜的温度，通过对流换热调节样品腔的温度。另外，中部加热丝直接附着在样品腔的壁上，高度与待测样品的位置基本一致，可以保持一定范围内温度的均匀性。此外，样品腔的中下部缠绕铜丝，保证局部温度场的均匀性；同时内部保留少量的氦气，压力维持在几个托（1Torr＝133.3Pa）左右，用以加强热交换。以两个温度计的读数和目标温度、当前温度为参量，以阀的开启度、加热丝功率和流阻的状态为待变量，进行 PID 控制，进而实现温度的精确控制。

6.1.1.3　磁场控制系统

MPMS 系统使用线圈缠绕结构的超导磁体，该磁体达到指定电流以后，可以持久工作在闭环恒流模式，磁体内部串联一个小的超导开关，用以实现开环和闭环，改变磁场。在磁体内部和磁体控制部分，设有二极管保护电路，以免发生失超损伤磁体。MPMS 磁场变换有三种模式：无过冲模式、振荡模式和磁滞曲线测量模式。在无过冲模式下，磁场在初始场和目标场之间进行线性变化，只是在目标场附近速度开始变慢，防止磁场过冲；振荡模式下，磁场值在目标场正负方向交替变化，振荡衰减至目标磁场。该模式旨在减少俘获磁通的数量，可以作为快速的高灵敏测量，然而对于有磁滞特性的样品不宜使用；最后，MPMS设计了磁滞曲线测量模式以加速磁滞曲线测量，在该模式下，磁体始终处于开环状态，它非常适用于磁滞曲线的快速测量，但是精度不高，只能用于 10^{-5}emu 或更大样品的测量。

6.1.1.4　软件控制系统

MPMS 有非常完善的控制软件-MultiVu，在 Windows 环境下进行操作，具有多界面、多命令并行的优点。软件可以完成对基系统和所有选件的操作，并可对系统状况和各个参数进行实时监控。MultiVu 支持两种测量模式，一种是直接测量模式，另一种是程序模式。在直接测量模式下，可以从电脑界面上设定各种参数，实时监控实验的进展和实验数据，并可随时变更参数。程序模式和直接模式一样，可以完成所有的基于 MPMS 的测量。在该种模式下，只需编制程序，系统将会自动控制各种参数和测量进程，在无人监护的情况下进行自动测量，从而允许长时间的连续使用。系统给出编制程序的各种命令，命令易学易用，十多分钟就可以学会使用，编制程序的时间一般在几分钟。数据可以实时监控并可以以多种形式察看，可以选择任意数据为参考坐标，并同时监控多个窗口的曲线。这些窗口可以任意放大和复原，同时坐标系的各种参数也可以任意指定，可以查看某一点上的所有参数，也可以查看所有点的所有参数。

6.1.2　测量选项

样品杆通过双密封结构进入样品腔，受外部驱动机构的驱动进行测量。分为 DC 磁学测量、RSO 测量、AC 磁化率测量等测量选项。

6.1.2.1　DC 磁学测量

在测量过程中，样品杆的一端连接在步进马达的控制平台上，实现样品在探测线圈中的步进。样品位置的变化将导致探测线圈内磁通的变化，进而产生感应电流，该电流信号在超导闭环中不会衰减。样品在多个位置进行停留，在每个位置上采集多个 SQUID 信号并取平均值，可以选择重复多次的测量，取平均以提高信噪比。

6.1.2.2　RSO 测量

该测量模式利用高精度伺服电机实现样品在探测线圈内小振幅周期性振动。与 DC 模式相比，RSO（reciprocating sample option）振幅要小得多，因而测量是在很高的均匀磁场下进行。该交变运动在 SQUID 中产生交流信号，RSO 可以利用 MPMSAC 的高精度数字信号处理系统大大提高信噪比。与 VSM 相比，RSO 测量和频率几乎不相关，因而可以达到低频下的高精度。此外，该选件配备低热胀系数的样品杆和径向调心装置，以保证测量的准确性。

6.1.2.3 AC 磁化率测量

MPMS 利用 SQUID 进行交流磁化率测量时，测得的信号直接是探测线圈中磁通的变化，而不依赖于交流磁场的频率，因此可以对材料的低频交流磁化率（0.01Hz～1kHz）进行研究。AC 磁化率测量中，首先将样品置于 SQUID 底部探测线圈的中心进行初次测量，然后移至中部线圈的中心进行二次测量。在两次测量中，AC 系统均向 SQUID 探测系统中发送调零波。当样品处于底部线圈中心（正方向）时，该调零波试图消除包括样品信号在内的所有信号，而在中部线圈中心（反方向）时，该调零波与探测线圈极性相同，因而探测到样品信号为实际信号的 3 倍，而背景噪声却得到了极大的消除。

6.1.2.4 其他选件

在 MPMS 基系统的基础上，还可以再选择其他选件来拓展基系统的功能：水平和竖直样品旋转杆可以用来测量材料的各向异性；样品光纤探杆允许引入光照条件进行光磁研究；外部装置控制选件和手动插入样品杆选件允许引入电流表和电压表等设备进行电学测量；磁矩测量范围扩展选件可以把最大可测量磁矩范围从 5emu 拓展到 300emu；样品腔加热炉选件可以把最高测量温度拓展到 1000K；环境磁场屏蔽选件可以进一步提高测量精度；磁场重置选件和超低磁场选件可以消除仪器的剩磁、获得低于 0.05Gs 的超低磁场；带制冷机的液氦自循环杜瓦选件可以解决获得液氦的困难。

6.1.3 MPMS 设备的应用和需要注意的问题

6.1.3.1 MPMS 的主要应用

（1）用 MPMS 可精确测量样品在确定磁场下的磁化强度 M 随温度的变化，磁场可在 0～7T 范围内选择，温度可在 1.9～1000K 范围内连续变化。根据 M-T 曲线可以确定超导材料超导临界温度、上超导临界磁场和不可逆磁场；例如所有高温氧化物超导体 LaSrCO、YBCO、BSCCO、TBCCO 和常规超导体（见图 6.2）。

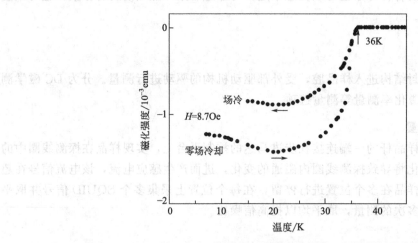

图 6.2　$La_{0.8}Sr_{0.2}CuO_4$ 的磁化率随温度的变化（超导临界温度为 36K）

（2）用 MPMS 可以测量样品在确定温度下的磁化曲线和磁滞回线。确定顺磁材料的顺磁居里温度，确定铁磁材料的铁磁居里温度，确定反铁磁材料的 Neel 温度。根据磁化曲线和磁滞回线可以确定超导材料的下超导临界磁场、上超导临界磁场和超导临界电流密度,研究超导材料的磁通运动规律;确定铁磁材料的磁滞损耗、剩余磁场、矫顽力和磁能积等。例如最近新发现的稀磁半导体 VO_2(B),它的居里温度可以达到近 295K,其磁滞回线和磁化曲线见图 6.3。

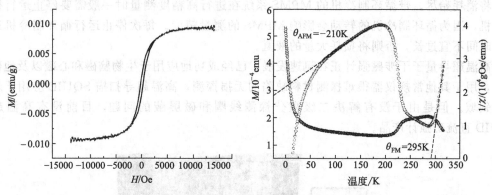

图 6.3　VO_2(B)纳米材料的磁滞回线和磁化曲线

（3）用 MPMS 可以测量样品在低频率的交流磁化率,进一步确定样品中磁有序行为,并判断样品磁有序的温度（图 6.4）。

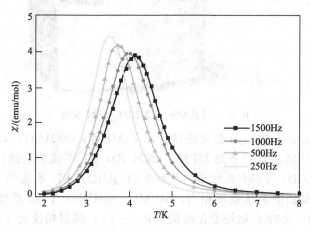

图 6.4　某种材料在低温下的交流磁化率

6.1.3.2　使用 MPMS 需要注意的问题

（1）由于在 MPMS 系统中磁场值不是由霍尔片等磁场传感器测量的,而是由超导磁体的电流乘以磁体常数计算得到的,在超导磁体电流为零时,由于冻结磁通,剩余磁场可达几十高斯,这可能造成很多测量错误。因此每次低场测量必须注意保持剩余磁场在 2Gs 以下,特殊情况必须使用超低场装置,使剩余磁场达到 0.05Gs。

（2）温度控制的关键是必须保持流阻的畅通,一旦流阻被堵塞,温度就很难降低和控制,必须使整个系统自然升温到室温。使流阻畅通后重新加入液氦,运行系统。氧分子团和氮分子团是造成流阻堵塞的主要原因,尺度较大的灰尘、油污微黏和冰晶一般不会堵塞流阻,而尺度较小的灰尘、油污颗粒和冰晶却可能堵塞流阻,因此要特别小心不要让大量空气、灰尘、油污和水进入液氦杜瓦之中。

（3）带循环制冷机的系统可解决无液氦来源单位使用 MPMS 系统的困难,但必须注意样品室降温速率不可太快,最好不超过 1.5K/min。否则由于抽出的大量冷氦气经过循环升温到室温后体积增加很多倍，回到液氦杜瓦后使液氦杜瓦内的压强升高，压强保险阀会自动打开而使氦气放到大气中，这样可能消耗较多的高纯氦气。

（4）由于带循环制冷机的 MPMS 系统都没有液氦保护，依靠制冷机冷屏起到液氦保护作用。临时停电后要尽快恢复工作，否则在 24h 左右，由于没有冷屏的保护作用，杜瓦中的液氦将消耗殆尽。带循环制冷机的 MPMS 系统在进行高精度测量时一般需要停止运行循环制冷机，因为循环制冷机的转动会影响 MPMS 的测量精度。每次停止运行循环制冷机进行测量时间不宜过长，否则将损耗大量的液氦。

高温超导量子干涉磁强计正在迅速发展，已经成功地应用于生物脑磁和心磁以及地磁的测量，用于其他常规仪器很难探测材料缺陷的无损探测，高温超导扫描 SQUID 应用于新的科研领域。但是由于没有解决二级微分探测线圈和磁屏蔽的问题，目前没有高温超导 SQUID 直流磁强计产品。

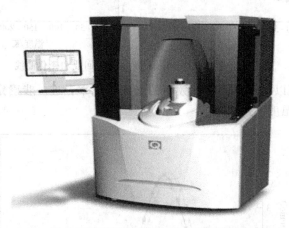

图 6.5　MPMS（SQUID）VSM 系统

此外，美国 Quantum Design 公司还设计出了 MPMS（SQUID）VSM 系统（图 6.5）。MPMS（SQUID）VSM 系统并不是 MPMS（SQUID）XL 系统的升级品，而是一种全新的设计。MPMS（SQUID）VSM 系统和 MPMS（SQUID）XL 系统的磁学测量都是基于 SQUID 技术，所以他们的测量精度相当。MPMS（SQUID）VSM 系统的技术参数具体如下：测量温区为 1.9～400K；磁场变化范围为 0～±7T；测量精度为 1×10^{-8} emu。MPMS（SQUID）VSM 系统最大的特点是其惊人的测量速度，这主要是因为该系统采用了当前最新的 FastLab 采集技术、RapidTemp 控温技术以及 QuickSwitch 超导开关技术。在零场下该系统仅需 4s 时间（data averaging time）即可达到 1×10^{-8} emu 的测量精度；系统从 300K 匀速降至 10K 仅需 10min，而从 10K 稳定到 1.8K 也仅需约 2min；超导开关在超导态和正常态之间的转换仅需要 1s 时间。MPMS SQUID VSM 系统的超导磁体允许最大以 700 Oe/s 的励磁速度，并且系统允许使用 sweep 模式进行高精度的测量。这些新技术的采用使得在同样的测量参数下，该系统的磁滞曲线和 MT 曲线测量时间要远少于 MPMS（SQUID）XL 系统。同时，由于采用了液氦冷却高温超导电流引线以及独特的杜瓦设计，该系统的液氦损耗率也比 MPMS（SQUID）XL 系统小。MPMS（SQUID）VSM 系统不提供其他测量的选项，所以目前不能用它进行诸如磁电阻测量、光磁测量、转角度测量等。

6.2　物理性质测量系统

美国 Quantum Design 公司的产品 PPMS（physics property measurement system）是在

低温和强磁场的背景下测量材料的直流磁化强度和交流磁化率、直流电阻、交流输运性质、比热容和热传导、扭矩磁化率等综合测量系统。PPMS 系统的设计思想是在一个完美控制的低温和强磁场的平台上，集成全自动的电学、磁学、热学、光电和形貌等各种物性测量手段。这样的设计使得整个系统的低温和强磁场环境得到了充分的利用，极大地减少了客户购买仪器的成本，避免了自己搭建实验的繁琐和误差，可以迅速地实现研究人员宝贵的研究思路。基本系统提供了低温和强磁场的测量环境以及用于对整个 PPMS 系统控制和对系统状态的诊断的中心控制系统。PPMS 多功能物性测量系统（图 6.6）是一个新型物理性质测量平台，它将

图 6.6　PPMS 系统

磁学、电学、比热容、热电输运等选件集成到一起，整个系统的测量过程（包括数据采集、处理、分析）高度自动化。下面将介绍这套设备的设计、测量原理和方法、主要性能指标和设备使用需要注意的问题。

6.2.1　设计简介

一个完整的 PPMS 系统由基本系统和各种拓展功能选件构成，根据内部集成的超导磁体的大小，分为 7T、9T、14T 和 16T 系统。基本系统提供低温和强磁场的环境，以及整个 PPMS 系统的软硬件控制中心。在基本系统平台的基础上，选择自己感兴趣的各种测量选件，这些测量选件被称为拓展功能选件。对于绝大多数常规实验项目，PPMS 已经设计好了全自动的测量软件和具有标准测量功能的硬件，如电阻率、磁阻、微分电阻、霍尔系数、伏安特性、临界电流、磁滞回线、比热容、热磁曲线、热电效应、塞贝克系数和热导率等。经过独特的设计，PPMS 系统上的各种测量选件之间能够互不干扰，且能够快速简单地相互切换。除此之外，PPMS 系统还预留了软件和硬件的接口，能够通过 PPMS 系统控制第三方设备，利用 PPMS 系统的低温强场环境和测量功能进行自己设计的实验，如介电、铁电、光电、磁电耦合等测量。

6.2.2　基本系统

PPMS 的基本系统按功能可以分为以下几个部分：温度控制、磁场控制、直流电学测量和 PPMS 控制软件系统。基本系统的硬件包括测量样品腔、普通液氦杜瓦、超导磁体及电源组件、真空泵、计算机和电子控制系统等。基本系统提供了低温和强磁场的测量环境以及用于对整个 PPMS 系统控制和对系统状态进行诊断的中心控制系统。

6.2.2.1　样品室

样品室的内径是 26mm，测量时样品室处于密封的粗真空或者高真空状态，样品变温是通过液氦冷却样品室的室壁，进而冷却样品室内的传导氦气来降温的（高真空时室壁接触冷却样品）。

6.2.2.2 温度控制

PPMS 系统能够实现快速精准的温度控制，主要得益于多项相关的技术。

（1）液氦通道双流阻设计　可以精确连续控制液氦流量的技术，保证系统可以在 4.2K 以下实现无限长时间的连续低温测量。

（2）带有两个夹层的样品腔［图 6.7(a)］　配合液氦通道双流阻可以精确地控制样品腔内壁底部的温度，而样品腔内壁底部的 20cm 部分用高热导的无氧铜制造，保证样品处于一个温度较稳定的大环境之中。

（3）高级温度控制算法　与传统的温控仪 PID 算法不同，PPMS 系统采用了复杂的温度控制算法。系统测量样品腔上不同位置的三个温度计（不同类型温度计分别在不同温区工作以达到最佳控制精度）用于监视样品腔内的温度梯度分布，同时控制液氦流量、夹层真空度和两个线绕加热器，使得系统能够快速精确地控制样品所在区域内的温度变化，并能实现样品温度无限长时间的稳定。

（4）样品托设计［图 6.7（b）］　使用新型样品托设计替代传统的样品杆，不但方便了样品的安装，而且同时减少了外界环境对样品的影响（漏热更少），让样品的温度更加稳定。温控范围：1.9～400K 连续控制（可选 50mK～1000K）；温度扫描速率：0.01～8K；温度稳定性：$\pm 0.2\% T < 10K$；$\pm 0.02\% T > 10K$；温度控制模式：快速模式、非过冲模式、扫描模式。

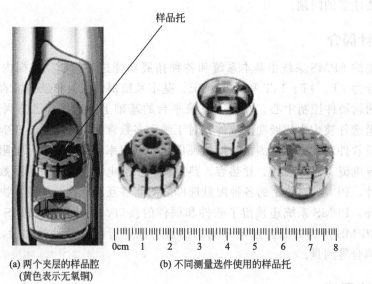

样品托

(a) 两个夹层的样品腔
(黄色表示无氧铜)

(b) 不同测量选件使用的样品托

图 6.7　温度控制系统

6.2.2.3 磁场控制

PPMS 系统的磁场是通过对浸泡在液氦里的超导磁体进行励磁获得的，励磁的电源为先进的卡皮察电源。由它们构成的磁场控制系统有以下特点：①磁场具有很高的均匀度。在 5.5cm（长）×1cm（直径）的圆柱内均匀度达到 0.01%（7T 或 9T 磁体）。②低噪声、高效率的双极性磁体电源，具有卓越的电流平滑到零性质。③采用高温超导材料制造的磁体电流引线极大地降低了在励磁过程中液氦的损耗。磁场大小范围：所含超导磁体最大场可以达到（可选）$\pm 7T$，$\pm 9T$，$\pm 14T$，$\pm 16T$；磁场分辨率：0.1Oe；变场速率：最大 200Oe/s；

磁体操作模式：闭环模式和驱动模式；磁场逼近模式：振荡模式和非过冲模式。图 6.8 是 PPMS-14H 多功能物性测量系统。

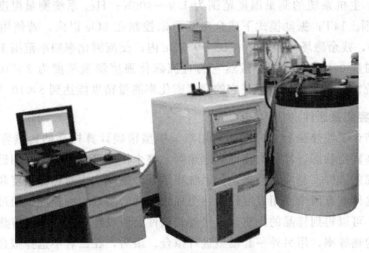

图 6.8　PPMS-14H 多功能物性测量系统

6.2.3　测量原理和方法

PPMS 系统的拓展功能选件非常丰富，除了电、磁、比热容、热电等物性测量选件外，还有超低磁场、样品旋转杆、高压腔、SPM、多功能样品杆、He₃ 极低温系统、稀释制冷机极低温控系统、液氦循环利用杜瓦等选件，全自动和高精度兼顾是它们的共同特点，下面是这些选件的简单介绍。

6.2.3.1　交直流磁化率选件

该选件是研究各种材料在低温下磁行为的主要设备之一，包括探杆、样品杆、伺服电机、电子控制部分、精密电源和软件部分（集成于系统软件）。在同一程序中对一个样品可以先后进行交流磁化率和直流磁化强度的测量而不需要对样品进行任何调整。样品杆处于探杆的中间，样品置于样品杆的一端，样品杆的另一端连接在伺服电机上。探杆之外由内到外依次由校正线圈组（用于消除仪器电子装置自身带来的信号增益和漂移）、抗磁温度计、样品磁矩探测线圈、AC 驱动线圈（用于提供交流磁场）以及 AC 驱动补偿线圈（用于把交流磁场限制在线圈内部、防止它和外部的测量装置相互作用）组成。

AC 磁化率测量原理：交流激发信号被输入到交流驱动线圈中，伺服电机驱动样品依次到两个绕向相反的探测线圈的中心，同时，与时间相关的样品信号被收集，将测得的样品在两个探测线圈中心的信号相减以消除驱动线圈和探测线圈间的随机相互作用。通过对多次测量的采样和平均，可以减少测量过程中的信号噪声。与一般交流磁化率测量仪器相比，PPMS 中 AC 磁化率测量装置有两个特点：首先它没有采用传统的单相锁相技术来处理信号，而是采用高速数字信号处理器（DSP），这样不仅可以提高信噪比、加快测量速度，而且不需要在实部信号和虚部信号之间进行信号转换。其次，对于如何消除仪器电子设备自身给测量数据带来的增益或漂移的技术问题，PPMS 中 AC 磁化率测量装置采用校正线圈。在每次测量之前将校正线圈接入到探测线圈线路中，进行正向和反向的测量，比较探测信号与初始激发信号的差别，进而修正仪器本身电子设备引起的相漂移。同样道理，校正线圈还可以精确地校正实际所加交流磁场强度的幅值，提高 *B-H* 测量精度。正因为如此，PPMS 中 AC 磁化率测量装置在允许的工作频段内（10Hz～10kHz）的测量精度可以达到与 SQUID 相媲美的程度。主机系统的测量温度范围为 1.9～400K；He_3 系统测量温度范围为 0.4～350K；磁场范围±14T；振动模式下残余磁场可以控制在 5Oe 以内，若使用超低场（ultra low field）选件，残余磁场可控制在 0.05～0.5Oe 内；交流磁化率频率范围 10～104Hz；交流驱动场的范围是 0.002～15Oe。虽然它的直流磁化强度测量精度为 $2×10^{-5}$emu，要比 MPMS-7 型系统低三个数量级，但是它的交流磁化率测量精度能达到 $8×10^{-8}$emu。

6.2.3.2 比热容测量选件

该选件是结合了绝热法和弛豫法，利用双 τ 模型精确计算样品的比热容。在测量过程中，系统处于高真空状态，样品的顶部有遮热屏，整个样品平台温度非常相近，严格限制热量通过对流和辐射散失。与实时数据采集系统相结合，进而实现对热流密度和温度、时间的精确监控。该选件配有两个专用温度计和一个加热器件，实现精确控温。通过实验曲线和数学模型相结合，可以得到样品的比热容。另外，软件会假设样品和样品托传热不理想，这样引进两者之间的热导率，用另外一套模型进行拟合。最后，在二者中选择拟合结果更加合理的一个。该选件有以下几个优点：方便地将样品安装到高真空系统中，不需要插入探测器；特殊的仪器设计使得初学者也能很容易进行操作；完备的数据采集电子器件和分析软件；自动的微观量热学弛豫技术；自动校准程序和内置的背景比热容消除功能；对每一个测量点对德拜温度进行校正和记录。例如一种名为 Addenda 的导热酯的比热容测试，实验结果如图 6.9 所示。

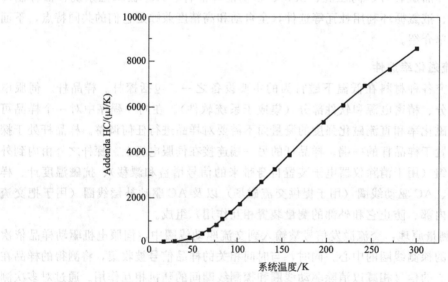

图 6.9　Addenda 的比热容测试结果

6.2.3.3 AC　电输运性质测量系统选件

PPMS 的交流电测量系统在公共平台的基础上还包含一个精确的电流源和伏特计。电流源的分辨率为 1pA，最大电流为 2A。交流频率为 1Hz～1kHz，因而可以用数字滤波和锁相技术提高信号精度。AC 输运性质测量系统可以做直流电阻率、交流电阻率 4 线测量、4 线和 5 接线的 Hall 效应测量、*I-U* 曲线和临界电流测量。样品安装连接方便，一次可以测量多个样品；金属屏蔽的低噪声前置放大器可以达到 0.01nV/Hz 的噪声基和 1nV 的 AC 输运测量系统灵敏度；计算机控制的样品水平旋转杆选件和垂直旋转杆选件可以使样品在 360°幅度内旋转，进行角度相关的电输运性质的测量（旋转器内部有，集成温度计能够精确地控制样品的温度）。例如 Ni 的电阻测试，结果如图 6.10 所示。

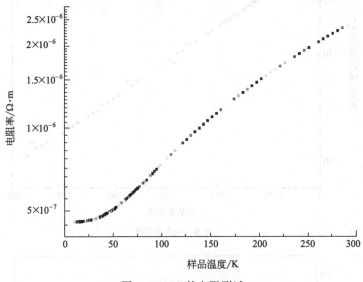

图 6.10　Ni 的电阻测试

6.2.3.4　热输运性质测量系统选件

应该说，该热电测量选件是 PPMS 意外而又自然的产物，因为 PPMS 已经提供精确热电测量的各种条件，比如精确的热流控制、精确的控温（高真空恒温环境）和测温以及高分辨率的电流源和伏特计。因此，该选件的推出只是巧妙地利用 PPMS 已有的各种条件，并将它们和该选件的软件和样品托有机的结合。采用 AC 输运性质测量选件的电子设备，该选件可以测量 AC 电阻率；通过设计独特的样品托，可以监控给定热流下的温降和由此带来的压差，因而可以得到样品的热导率和塞贝克（Seebeck）系数，由此便可以得到热电品质因数，以上这些参数可以同时或者分别得到。该选件坚实易用，所有测量全自动，消除了温度漂移以及其他各种可能的仪器误差；使用四引线法将接线端部的接触热阻和接触电阻效应降到最低；和其他选件一样有特制的样品托，方便更换；在温度不断变化的情况下进行连续测量能够得到高密度的数据；使用新型的自适应测量方案可以加速对材料特性的了解，最重要的是能够在测量新材料时得到更好的测量数据。例如 Ni 的 Seebeck 系数和热导率测试，结果如图 6.11 所示。

6.2.3.5　扭矩磁强计选件

该选件是 QD 公司与 IBM 公司共同开发，专为测量小尺寸的各向异性样品而设计，提供全自动测量与角度有关的磁矩的途径。该选件采用压电转换技术来测量扭矩，将惠斯通电桥集成在扭矩测量芯片中，从而达到电路高度平衡和稳定性。

6.2.3.6　振动样品磁强计

振动样品磁强计（VSM）借助于 PPMS 平台提供的温度和磁场平台，它可以比利用 PPMS 系统上其他方法（如扭矩磁强计）更快地获取高质量的磁测量数据。虽然该选件的测量精度还无法与 SQUID 相比，但是它的测量速度是 SQUID 的上百倍。VSM 不依赖于

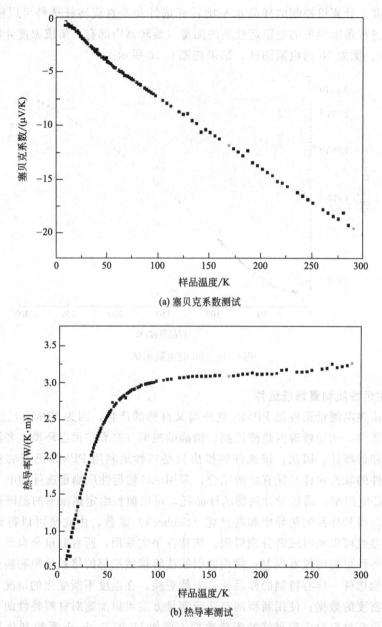

(a) 塞贝克系数测试

(b) 热导率测试

图 6.11　Ni 的塞贝克系数和热导率测试

PPMS 上任何其他选件的辅助，是完全独立的选件，可以十分方便地安装到 PPMS 上，不用的时候可以迅速地卸下来。它由以下几部分组成：用于驱动样品的新型长程线行马达，特制轻质量样品杆（样品固定装置），样品杆导向管，带有特制样品托的信号探测线圈，一个分离的电子拓展线路箱，包含新型的自动控制数据通信总线网络结构（CAN），集成到 PPMS 软件包中的 VSM 控制软件模块，可以进行全自动的 VSM 测量。

6.2.4　PPMS 的主要应用

　　（1）用 PPMS 可以测量样品的直流磁化强度和交流磁化率，直流磁化强度的灵敏度只有 10^{-5}emu；要求样品的磁信号比较强。交流磁化率的交流信号频率最低为 10Hz。

（2）用 PPMS 可以测量样品在确定磁场下交直流电阻随温度的变化，确定样品的电导率；确定超导材料的超导临界温度；确定巨磁阻测量的相变温度和磁阻变化率；确定半导体材料的载流子浓度。一个样品座上可以安装 3 个样品同时测量，便于在相同的测量条件下比较，同时节省测量时间。

（3）用 PPMS 可以方便地测量在确定温度和确定磁场下样品的 I-U 曲线和临界电流，最大电流达到 2A。

（4）用 PPMS 可以方便地测量在确定磁场下样品比热容随温度的变化，确定样品的相变温度。

（5）用 PPMS 可以方便地测量在确定磁场下样品热导率和 Seebeck 系数随温度的变化，研究非平衡态性质。

（6）用 PPMS 可以方便地测量在确定温度下材料的磁各向异性作为旋转角度和磁场的函数。

6.2.5　PPMS 需要注意的问题

（1）由于在 PPMS 系统中磁场值不是由霍尔片等磁场传感器测量的，而是由超导磁体的电流乘以磁体常数计算得到的，在超导磁体电流为零时，由于冻结磁通，剩余磁场可达几十高斯，这可能造成很多测量错误。因此每次测量必须注意保持剩余磁场在 2Gs 以下，特殊情况必须使用超低场装置，使剩余磁场达到 0.05Gs。

（2）温度控制的关键是必须保持流阻的畅通，一旦流阻被堵塞，温度就很难降低和控制，必须使整个系统自然升温到室温。使流阻畅通后重新加入液氦，运行系统。氧分子团和氮分子团是造成流阻堵塞的主要原因，尺度较大的灰尘、油污微黏和小冰晶一般不会堵塞流阻。因此要特别小心不要让大量空气、灰尘、油污和水进入液氦杜瓦之中。

（3）带循环制冷机的系统可以解决无液氦来源单位使用 PPMS 系统的困难。但是必须注意样品室降温速率不可太快，最好不超过 115K/min。否则由于抽出的大量冷氦气经过循环升温到室温后体积增加很多倍，回到液氦杜瓦后使液氦杜瓦内的压强升高，压强保险阀会自动打开而使氦气放到大气中，这样可能消耗较多的高纯氦气。

（4）由于带循环制冷机的 PPMS 系统都没有液氮保护，依靠制冷机冷屏起到液氮保护作用。在临时停电后要尽快恢复工作，否则在 24h 左右，由于没有冷屏的保护作用，杜瓦中的液氦将消耗殆尽。因此每次停止运行循环制冷机进行测量的时间不宜过长，否则将损耗大量的液氦。

6.3　电滞回线测试系统

6.3.1　铁电体的概念

铁电体是这样一类晶体：在一定温度范围内存在自发极化，自发极化具有两个或多个可能的取向，其取向可能随电场而转向。铁电体并不含"铁"，只是它与铁磁体具有的磁滞回线相类似，具有电滞回线，因而称为铁电体。在某一温度以上，它为顺电相，无铁电性，其介电常数服从居里-外斯（Curit-Weiss）定律。铁电相与顺电相之间的转变通常称为铁电相变，该温度称为居里温度或居里点 T_c。铁电体即使在没有外界电场作用下，内部也会出现极化，这种极化称为自发极化。自发极化的出现是与这一类材料的晶体结构有关的。晶体的对称性可以划分为 32 种点群。在无中心对称的 21 种晶体类型中除 432 点群外其余 20 种都有压电效应，而这 20 种压电晶体中又有 10 种具有热释电现象。热释电晶体是具有自发极化的晶体，但因表面电荷的抵偿作用，其极化电矩不能显示出来，只有当温度改变，电矩（即极化强度）发生变化，才能显示固有的极化，这可以通过测量一闭合回路中流动的电荷来观测。热释电就是指改变温度才能显示电极化的现象，铁电体又是热释电晶体中的一小类，其特点就是自发极化强度可因电场作用而反向，因而极化强度和电场 E 之间形成电滞回线是铁电体的一个主要特性。自发极化可用矢量来描述，自发极化出现在晶体中造成一个特殊的方向。晶体红，每个晶胞中原子的构型使正负电荷重心沿这个特殊方向发生位移，使电荷正负中心不重合，形成电偶极矩。整个晶体在该方向上呈现极性，一端为正，一端为负。在其正负端分别有一层正和负的束缚电荷。束缚电荷产生的电场在晶体内部与极化反向（称为退极化场），使静电能升高，在受机械约束时，伴随着自发极化的应变还将使应变能增加，所以均匀极化的状态是不稳定的，晶体将分成若干小区域，每个小区域称为电畴或畴，畴的间界叫畴壁。畴的出现使晶体的静电能和应变能降低，但畴壁的存在引入了畴壁能。总自由能取极小值的条件决定了电畴的稳定性。

6.3.2 铁电体的特点

6.3.2.1 电滞回线

铁电体的极化随外电场的变化而变化，但电场较强时，极化与电场之间呈非线性关系。在电场作用下新畴成核生长，畴壁移动，导致极化转向，在电场很弱时，极化线性地依赖于电场，见图 6.12，此时可逆的畴壁移动成为不可逆的，极化随电场的增加比线性段快。当电场达到相应于 B 点值时，晶体成为单畴，极化趋于饱和。电场进一步增强时，由于感应极化的增加，总极化仍然有所增大（BC 段）。如果趋于饱和后电场减小，极化将循 CBD 段曲线减小，以致当电场达到零时，晶体仍保留在宏观极化状态，线段 OD 表示的极化称为剩余极化 P_r。将线段 CB 外推到与极化轴相交于 E，则线段 OE 为饱和自发极化 P_s。如果电场反向，极化将随之降低

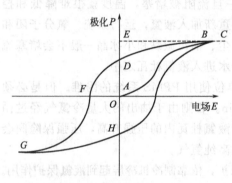

图 6.12 铁电体的电滞回线

并改变方向，直到电场等于某一值时，极化又将趋于饱和。这一过程如曲线 DFG 所示，OF 所代表的电场是使极化等于零的电场，称为矫顽场 E_c。电场在正负饱和度之间循环一周时，极化与电场的关系如曲线 $CBDFGHC$ 所示，此曲线称为电滞回线。铁电回滞测量是表征多铁材料铁电特性的重要手段，通过铁电回滞的测量可以得出样品的自发极化强度和矫顽电场两个重要参量。

6.3.2.2 居里点

当温度高于某一临界温度 T_c 时，晶体的铁电性消失。这一温度称为铁电体的居里点。由于铁电体的消失或出现总是伴随着晶格结构的转变，所以是个相变过程，已发现铁电体存在两种相变：一级相变伴随着潜热的产生，二级相变呈现比热容的突变，而无潜热发生，又铁电相中自发极化总是和电致形变联系在一起，所以铁电相的晶格结构的对称性要比非铁电相为低。如果晶体具有两个或多个铁电相时，最高的一个相变温度称为居里点，其他则称为转变温度。

6.3.3　测量仪简介

6.3.3.1　铁电性能综合测试仪硬件结构

铁电薄膜材料的测量仪主要包括可编程信号源、微电流放大器、积分器、放大倍数可编程放大器、模/数转换器、数/模转换器、微机接口部分、微机和应用软件等部分组成。系统框图见图 6.13，硬件系统由一台计算机、一片带 A/D、D/A 及开关量控制输出功能的计算机接口卡和信号调理电路部分组成。本文以 Radiant 公司生产的 PremierⅡ铁电仪为例，其频率范围为 0.03Hz～100kHz，电荷测量范围为 0.80 fC～5.26 mC，最大电压可以到 10kV。

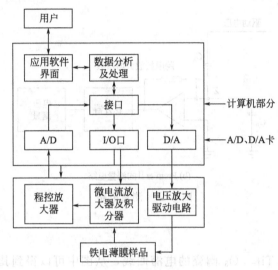

图 6.13　铁电性能测量仪结构框图

6.3.3.2　测量电路

目前，测量电滞回线的方法较多。其中测试方法简单、应用最广泛的是 Sawyer-Tower 电路，如图 6.14 所示，其中 C_x 是被测样品的电容，C_0 是探测电容，电压源电压为 E。由于 C_x 和 C_0 串联，它们将带有同量的电荷 Q，对于 C_0，有 $Q = C_0 U_0$，U_0 为 C_0 两端的电压，也就是说被测样品 C_x 所带的电荷 Q 可以通过探测电容 C_0 两端的电压 U_0 成比例地表示出来，又因为被测样品的极化强度与它所带的电荷 Q 成正比，因此我们可以用探测电容 C_0 两端的电压 U_0 来表征被测样品的极化强度。此外，C_x 两端的电压 $U_x = Q/C_x$，C_0 两端的电压 $U_0 = Q/C_0$，Sawyer-Tower 电路中探测电容 C_0 要比 C_x 大很多，所以 C_x 两端的电压可以认为等于电压源的电压 E。如图 6.14（a）所示，若以 E 作为示波器的 x 信号，U_0 作为 y 信号，示波器就可以描绘出被测样品的极化强度和电压的铁电回滞曲线。对于 Sawyer-Tower 电路，电容器充放电过程中，探测电容 C_0 会对被测样品产生一个反向电压（back voltage）的作用，另外，实际测量过程中，电路中不可避免地会有寄生电容 C_p，如图 6-14（a）所示，反向电压和寄生电容都会影响铁电回滞测量的准确性。为了避免这些问题，PremierⅡ铁电仪采用图 6-14（b）所示的"虚地"（virtual ground）技术测量铁电回滞曲线，它测量的是流过样品的电流，然后通过积分器将电流转化为与极化强度成比例的电压信号，最后将电压信号测出来并根据驱动电压给出铁电回滞曲线。这种测量方式不是通过测量探测电容的电压来表征极化强度的，因此它首先避免了探测电容的反向电压作用。其次，如图 6.14（b）所示，由于 Z 点"虚地"，使得寄生电容 C_p 两端的电压为零，寄生电容对铁电回滞的测量也没有影响。

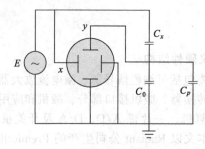

(a) Sawyer-Tower电路

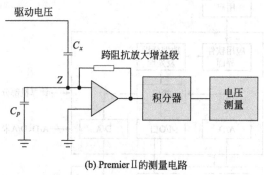

(b) Premier II的测量电路

图 6.14 测量电路

6.3.4 测量结果

图 6.15 给出 $BaZr_x Ti_{1-x} O_3$ 陶瓷的电滞回线，从图中可以得到其剩余极化强度及矫顽电场的值。

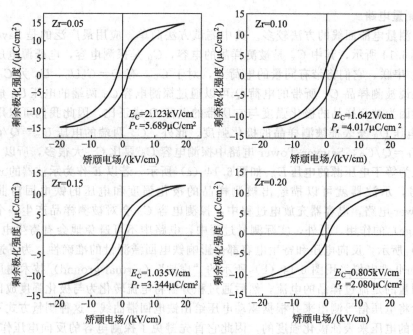

图 6.15 $BaZr_x Ti_{1-x} O_3$ 陶瓷的电滞回线

6.4　太阳能电池测试系统

6.4.1　太阳能电池的基本原理

　　太阳能电池是直接把太阳能转换成电能的器件，它利用 PN 结的光生伏特效应产生电压。当太阳电池受到光照时，光在 n 区、空间电荷区和 p 区被吸收，分别产生电子-空穴对。PN 结及两边产生的光生载流子就被内建电场分离，在 p 区聚集光生空穴，在 n 区聚集光生电子，使 p 区带正电，n 区带负电，在 PN 结两边产生光生电动势。上述过程通常称作光生伏打效应或光伏效应。当太阳电池的两端接上负载，这些分离的电荷就形成电流。

6.4.2　太阳能电池参数的定义

　　由伏安特性可以得到太阳电池几个重要参数（图 6.16）。

　　(1) 开路电压 U_{oc}：负载开路是太阳电池两端的电压，即 $I=0$ 时的 U 值；

　　(2) 短路电流 I_{sc}：负载短路时太阳电池的输出电流；

　　(3) 最大输出功率 P_{max}：光强一定时，改变负载电阻大小，使 I、U 乘积为最大的状态（最佳工作状态）下，太阳电池的输出功率；

　　(4) 最佳工作电压 U_m 和电流 I_m：最佳工作状态下太阳电池输出的电压和电流；

　　(5) 填充因子 FF：太阳电池的最大输出功率与开路电压和短路电流乘积的百分比，FF 表明光电池能够对外提供的最大输出功率的能力；

　　(6) 光电转换效率 η：太阳电池的最大输出功率与入射到电池表面上的总辐射功率的百分比。太阳能电池的转换效率 η 定义为输出电能 P_m 和入射光能 P_{in} 的比值：

$$\eta = \frac{P_{in}}{P_{in}} \times 100\% = \frac{I_{in}U_m}{P_{in}} \times 100\% \tag{6.1}$$

　　式中，$I_m U_m$ 在 I-U 关系中构成一个矩形，叫做最大功率矩形。如图 6.16 特性 I-U 曲线与电流、电压轴交点分别是闭路电流和开路电压。最大功率矩形取值点 P_m 的物理含义是太阳能电池最大输出功率点，数学上是 I-U 曲线上坐标相乘的最大值点。闭路电流和开路电压也自然构成一个矩形，面积为 $I_{sc}U_{oc}$，定义图形中最大功率矩形与边长分别为开路电压和短路电流的矩形面积的比值为占空系数。占空系数反映了太阳能电池可实现功率的度量，通常的占空系数在 0.7～0.8。

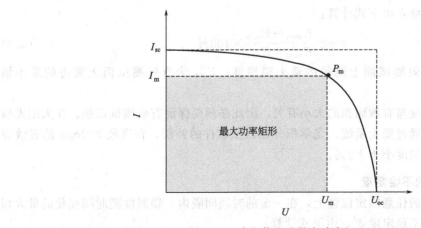

图 6.16　太阳能电池最大功率矩

6.4.3 太阳光模拟器

根据地面太阳电池测试标准，太阳光模拟器的光谱特性要接近于地面太阳光的光谱特性；在 AM1.5 条件下，辐照度要能达到 $1kW/m^2$；对太阳电池温度的影响要能控制在 $\pm1℃$。目前，国内外使用的模拟器主要有稳态太阳光模拟器与脉冲太阳光模拟器，表 6.1 列出了稳态太阳光模拟器与脉冲太阳光模拟器的比较。

表 6.1 太阳光模拟器性能比较

序号	比较项目	稳态太阳光模拟器	脉冲太阳光模拟器
1	模拟太阳光特性	稳态	暂稳态脉冲式
2	对测试板温度影响	影响大,需温控系统	影响小,不需温控系统
3	对光源要求	功率大,寿命长	瞬时功率大,寿命长
4	光谱失配误差	不容易选择光谱失配误差小的光源灯	容易选择光谱失配误差小的光源灯
5	耗电量	大	小
6	光谱与电流的关系	不密切	密切
7	成本	一般高	一般低

根据上述比较得出：稳态太阳光模拟器与脉冲太阳光模拟器的最大区别是稳态太阳光模拟器产生的温度对测试的影响大且耗电量高，虽然电路设计等方面，稳态太阳光模拟器有着较大的优势，但是庞大的温控系统加大了测试系统的体积及成本。

6.4.4 太阳光模拟器的主要指标

太阳光模拟器的主要指标有：辐照强度、辐照不均匀度、辐照不稳定度和光谱分布。太阳电池测试过程中，在有效测试平面内的各项技术指标达到要求的条件下，才能保证所测定的数据的准确性。

6.4.4.1 辐照强度

辐照强度是入射到单位表面积上的辐射功率（W/m^2），公式为：

$$M_e = \phi_e / S \tag{6.2}$$

式中，ϕ_e 为总辐射通量；S 为受光面积。

6.4.4.2 辐照不均匀度

辐照不均匀度反映了有效测试面上各个点的辐照强度的不同程度。当辐照强度不随时间改变时，辐照不均匀度 δ 由下式计算：

$$\delta = \pm \frac{E_{max} - E_{min}}{E_{max} + E_{min}} \times 100\% \tag{6.3}$$

式中，E_{max} 为有效测试面上测得的最大辐照度；E_{min} 为有效测试面上测得的最小辐照度。

由于辐照不均匀度与有效面积的大小有关，因此必须要保证有效测试面积。在太阳光模拟器的设计中，要求通过聚光系统、光学积分器以及软件的补偿，在直径 200mm 的有效面积范围内，辐照不均匀度小于 $\pm3\%$。

6.4.4.3 辐照强度的不稳定度

在有效测试面内的任意固定位置上，在一定的时间间隔内，辐照度随时间变化的最大相对偏差，定义为辐照不稳定度 δ'，由下式计算：

$$\delta' = \pm \frac{E'_{max} - E'_{min}}{E'_{max} + E'_{min}} \times 100\% \tag{6.4}$$

式中，E'_{max} 为在全部有效测试面积内，在一定时间内测得的最大辐照度；E'_{min} 为在全部有效测试面积内，在一定时间内测得的最小辐照度。

辐照度、辐照不均匀度和辐照不稳定度的检测方法可见参考文献。

6.4.4.4 光谱失配误差

太阳辐射穿越地球大气时，由于瑞利（Rayleigh）散射、大气微黏以及灰尘黏子的散射和大气的吸收作用，其能量会衰减至少 30%。在晴朗的天气，太阳辐射到达地面的衰减程度规定为一个大气质量，这时太阳光穿过大气的厚度最小。当太阳光垂直入射时，大气质量为 1，记作 AM1。当太阳以天顶角 θ 斜入射时，大气质量由下式给出：

$$大气质量 = \frac{1}{\cos\theta} \tag{6.5}$$

由于太阳电池在光照下的响应与入射光的波长有关，IEC 规定太阳光模拟器光谱分布的标准是 AM1.5，即 $\theta=48.2°$。

硅太阳电池将波长 200～1100nm 的太阳光的能量转换为电能，因此光源的光谱辐照度分布影响着太阳电池的 $I\text{-}U$ 特性中的电流值的改变。采用太阳光模拟器在室内测量太阳电池的特性能避免由自然太阳光谱受地理位置、气候、季节和时间所带来的影响。

由于模拟光源的光谱和自然光谱不可能完全一致，因此造成了模拟光源的光谱相对于标准太阳光谱的偏离，并且实际测试时的标准电池和被测电池两者的光谱响应在很多情况下并不一致，存在的偏差会对 $I\text{-}U$ 特性中的电流数据结果造成影响。上述这两类偏差一般总称为光谱失配误差。

被测时太阳光谱与 AM1.5 光谱不一致时，会产生光谱失配误差。在相同的辐照度下，定义被测太阳电池在标准太阳光谱（AM1.5）下的短路电流为 ISO，在被测太阳光源下的短路电流是 ISC，则 I_{so} 与 I_{sc} 的关系为：

$$I_{so} = FI_{sc} \tag{6.6}$$

$$F = \frac{\int E_o(\lambda)S_c(\lambda)d\lambda \int E_s(\lambda)S_o(\lambda)d\lambda}{\int E_o(\lambda)S_o(\lambda)d\lambda \int E_s(\lambda)S_c(\lambda)d\lambda} \tag{6.7}$$

式中，F 为光谱修正因子；$S_o(\lambda)$ 为标准电池的光谱响应；$S_c(\lambda)$ 为被测电池的光谱响应；$E_o(\lambda)$ 为标准太阳光谱（AM1.5）分布；$E_s(\lambda)$ 为被测太阳光谱分布。

从上式我们可以看出，式中不含太阳电池面积参数，意味着太阳电池面积与光谱失配误差无关。光谱失配误差 C 由下式计算：

$$C = \frac{I_{sc} - I_{so}}{I_{so}} = \frac{1}{F} - 1 \tag{6.8}$$

由式（6.6）、式（6.7）可以看出，当 $E_o(\lambda)=E_s(\lambda)$，即太阳光模拟器的光谱和标准太阳光谱（AM1.5）完全一致时，或者当 $S_o(\lambda)=S_c(\lambda)$，即被测电池的光谱响应和标准电池的光谱响应完全一致时，光谱修正因子 $F=1$，光谱失配误差 $C=0$。但是要实现太阳光模拟器的光谱和标准太阳光谱（AM1.5）完全一致是非常困难的，这会大大提高太阳光模拟器的成本，因此在实验的过程中，可采用一片经过计量的太阳电池作为标准电池，对太阳电池测试设备进行标定。即使太阳光模拟器的光谱分布和标准太阳光谱（AM1.5）有一定偏差，测量的结果也不会有太大的光谱失配误差，既满足了测试要求，又大大节省了成本。综上所述，在太阳电池测试系统中，对太阳光模拟器选择的关键技术指标是辐照强度、辐照不均匀度、辐照不稳定度。

6.4.5 测试方法

6.4.5.1 太阳能电池暗特性测试

（1）特性测试不需要开启光源。按图 6.17 实验电路图接线，测试正偏电压 U 下通过太阳能电池的电流 I，电压范围 0～30V。

（2）汇总测试数据形成 I-U 特性曲线。在不同温度下重复上述实验过程。

（3）测试中根据数据点规律适当分配数据点密集程度。实验测试电路如图 6.17 所示。

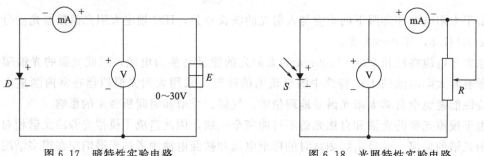

图 6.17　暗特性实验电路　　　　图 6.18　光照特性实验电路

说明：D 为太阳能电池暗特性时的表示符号，E 为外接直流电源（极性可以切换），V、mA 均为四位半数字万用表，用于测试太阳能电池两端的电压及流过的电流。

6.4.5.2 太阳能电池光照特性测试

（1）光照特性实验时，先进行光路部分的高度调节：接好氙灯电源的连接线，打开氙灯电源，可以看到有一束光射进箱内，将凸透镜与入光口的高度保持一致。

（2）光路最佳位置的调节：按图 6.18 实验电路图接线，将电阻箱开路，微调凸透镜的前后左右位置，使其输出数字万用表的电压值显示为最大，在以下的实验步骤中，凸透镜保持在此位置不变。

（3）不加载滤色片、光强度最大，不同温度条件下通过改变负载电阻来测试太阳能电池 I-U 特性，汇总数据形成 I-U 特性曲线。

（4）不加载滤色片，在两种不同光强、温度相同条件下，改变负载电阻来测试太阳能电池得到不同光强下的 I-U 特性曲线。

6.4.6 测试结果

6.4.6.1 无光照情况下的电流和电压关系

表 6.2 和表 6.3 分别为 40℃和 15℃时的太阳能电池暗特性实验所得的数据。

表 6.2　太阳能电池 40℃时暗特性实验数据

U/V	0.2	0.5	1	1.5	2.3	2.7	3.3	3.9	4.2	4.5
I/mA	0.01	0.01	0.02	0.04	0.13	0.21	0.49	1.42	4.31	5.98
U/V	4.8	5	5.1	5.3	5.5	5.7	5.8	5.85	5.87	—
I/mA	7.59	9.74	12.45	15.69	21.98	28.13	36.42	48.43	48.43	—

表 6.3 太阳能电池 15℃时暗特性实验数据

U/V	0.2	0.5	1	1.5	2	2.5	3	3.5	4	4.1
I/mA	0.01	0.01	0.02	0.05	0.11	0.23	0.53	1.4	4.27	6.03
U/V	4.2	4.3	4.4	4.5	4.6	4.7	4.8	4.9	4.919	—
I/mA	7.74	9.93	12.93	15.84	22.05	28.46	36.54	46.27	48.7	—

图 6.19 和图 6.20 分别是 40℃和 15℃时的太阳能电池暗特性 I-U 曲线。

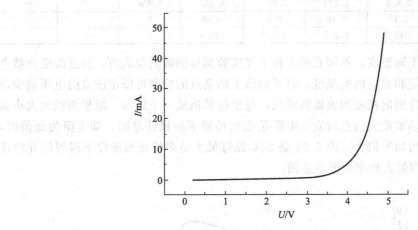

图 6.19 太阳能电池 40℃时暗特性 I-U 曲线

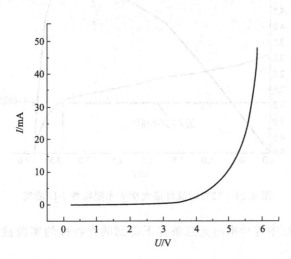

图 6.20 太阳能电池 15℃时暗特性 I-U 曲线

由图 6.19 和图 6.20 可以看出在暗环境中，太阳能电池在正偏电压下，电流随着电压的增大而缓缓变大。电压较小时，电流很小。40℃时，电压大于 4.6V 以后，电流突然变大，15℃时，电压大于 5.5V 以后，电流突然变大。这与 P-N 结二极管的性质相似，因为太阳能电池本质上是 P-N 结。比较以上两图可以知道温度变低时 I-U 曲线右移，正向压降变大。

6.4.6.2 光照情况下的电流和电压关系

表 6.4 是 25℃氙灯最大功率的光照条件下得到的光特性的实验数据，此条件下，最大输出功率对应的阻值为 1912Ω。

表 6.4 25℃时氙灯最大功率光照特性实验数据

U/V	0	0.184	0.314	0.632	0.886	1.115	1.321	1.695
I/mA	3.17	3.02	2.91	2.77	2.69	2.55	2.51	2.45
P/mW	0	555.6	913.7	1750.6	2383.3	2843.2	3315.7	4152.8
U/V	1.866	2.027	2.266	2.568	2.697	3.289	3.411	3.623
I/mA	2.32	2.24	2.13	2.03	1.99	1.72	1.65	1.28
P/mW	4329.1	4540.5	4826.6	5213.0	5367.0	5657.1	5628.1	4637.4
U/V	3.762	3.803	3.820	3.827	3.832	3.854	—	—
I/mA	0.66	0.36	0.19	0.1	0.05	0	—	—
P/mW	2482.9	1369.1	752.8	382.7	191.6	0	—	—

　　以下各图像是在不同温度、不同光照条件下经实验测得的数据绘成的。通过改变负载电阻的值可以改变电压值和相应的电流值，对于曲线上的某点的功率可以用该点的电压值乘以电流值算出，从该点分别向横轴和纵轴做垂线，与坐标轴围成一个矩形。矩形面积的大小表示功率的大小。选取功率最大的点对应的电阻是在此环境下的最佳电阻，即电阻为此值时，光电池在此环境下输出功率最大。图 6.21 是 25℃氙灯最大功率的光照条件下得到的光特性 I-U 曲线、功率曲线和最大功率矩形示意图。

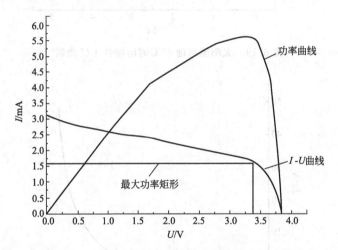

图 6.21 25℃时氙灯最大功率光照特性 I-U 曲线

　　表 6.5 是 25℃氙灯中等功率的光照条件下得到的光特性的实验数据，此条件下最佳阻值为 2067Ω。

表 6.5 25℃时氙灯中等功率光照特性实验数据

U/V	0	0.179	0.307	0.629	0.876	1.103	1.307	1.634
I/mA	2.51	2.41	2.39	2.37	2.36	2.29	2.25	2.11
P/mW	0	431.4	733.7	1497.8	2090.9	2525.9	2940.8	3447.7
U/V	1.829	2.003	2.234	2.517	2.683	3.276	3.411	3.609
I/mA	2.05	1.98	1.89	1.83	1.80	1.67	1.65	1.28
P/mW	3749.5	3965.9	4222.2	4606.1	4829.4	5470.9	5628.1	4619.5
U/V	3.749	3.803	3.819	3.823	3.832	3.847	—	—
I/mA	0.66	0.36	0.17	0.08	0.03	0	—	—
P/mW	2474.3	1369.1	649.2	305.8	114.9	0	—	—

图 6.22 是 25℃氙灯中等功率的光照条件下得到的光特性 $I\text{-}U$ 曲线、功率曲线和最大功率矩形示意图。

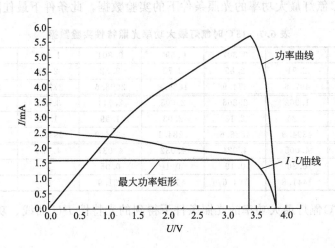

图 6.22　25℃时氙灯中等功率光照特性 $I\text{-}U$ 曲线

表 6.6 是 25℃氙灯较小功率的光照条件下的实验数据，此条件下最佳阻值为 2159Ω。

表 6.6　25℃时氙灯较小功率光照特性实验数据

U/V	0	0.181	0.311	0.63	0.881	1.108	1.314	1.664
I/mA	2.24	2.13	2.07	2.05	2.01	1.99	1.98	1.98
P/mW	0	385.5	643.7	1291.5	1770.8	2204.9	2601.7	3294.7
U/V	1.847	2.025	2.245	2.551	2.681	3.282	3.419	3.469
I/mA	1.96	1.91	1.87	1.81	1.75	1.52	1.34	1.11
P/mW	3620.1	3867.8	4198.2	4617.3	4691.8	4988.6	4581.5	3850.6
U/V	3.508	3.546	3.588	3.61	3.619	—	—	—
I/mA	0.31	0.14	0.06	0.03	0	—	—	—
P/mW	1099.3	502.3	216.6	108.6	0	—	—	—

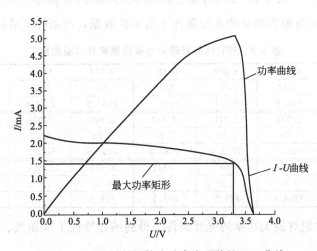

图 6.23　25℃时氙灯较小功率光照特性 $I\text{-}U$ 曲线

图 6.23 是 25℃氙灯较小功率的光照条件下得到的光特性 I-U 曲线、功率曲线和最大功率矩形示意图。

表 6.7 是 15℃氙灯最大功率的光照条件下的实验数据，此条件下最佳阻值为 2228Ω。

表 6.7　15℃时氙灯最大功率光照特性实验数据

U/V	0	0.171	0.307	0.597	0.801	1.097	1.302	1.641
mA	2.93	2.91	2.85	2.73	2.62	2.53	2.49	2.41
P/mW	0	497.6	874.9	1629.8	2098.6	2775.4	3241.9	3954.8
U/V	1.797	1.962	2.266	2.603	2.711	3.487	3.676	3.902
I/mA	2.32	2.24	2.13	2.03	1.99	1.72	1.65	1.28
P/mW	4169.0	4394.9	4826.6	5284.1	5394.9	5997.6	6065.4	4994.6
U/V	3.971	4.005	4.024	4.032	4.037	4.089	—	—
I/mA	0.66	0.36	0.19	0.1	0.05	0	—	—
P/mW	2620.9	1441.8	764.6	403.2	201.9	0	—	—

图 6.24 是 15℃氙灯最大功率的光照条件下得到的光特性 I-U 曲线、功率曲线和最大功率矩形示意图。

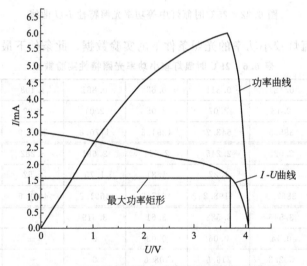

图 6.24　15℃时氙灯最大功率光照特性 I-U 曲线

表 6.8 是 35℃氙灯最大功率的光照条件下的实验数据，此条件下最佳阻值为 1788Ω。

表 6.8　35℃时氙灯最大功率光照特性实验数据

U/V	0	0.169	0.292	0.533	0.847	1.094	1.287	1.648
I/mA	3.11	3.07	2.95	2.78	2.7	2.57	2.53	2.45
P/mW	0	518.8	861.4	1481.7	2286.9	2811.6	3256.1	4037.6
U/V	1.807	1.911	2.241	2.432	2.644	3.076	3.209	3.427
I/mA	2.35	2.24	2.13	2.07	1.99	1.72	1.55	1.28
P/mW	4246.5	4280.6	4773.3	5034.2	5261.6	5290.7	4973.9	4386.6
U/V	3.537	3.569	3.587	3.611	3.626	3.651	—	—
I/mA	0.66	0.36	0.19	0.1	0.05	0	—	—
P/mW	2334.4	1284.8	681.5	361.1	181.3	0	—	—

图 6.25 是 35℃氙灯最大功率的光照条件下得到的光特性 I-U 曲线、功率曲线和最大功率矩形示意图。

由表 6.4～表 6.8 可知，当温度和光强变化时，这个最佳阻值也会变化。比较图 6.20、

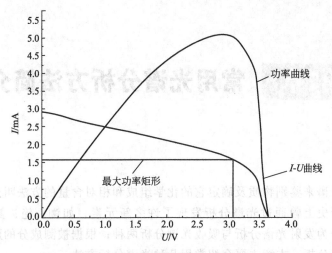

图 6.25　35℃时氙灯最大功率光照特性 I-U 曲线

图 6.21 和图 6.22 可知温度较高时，最佳阻值较小，最大输出功率较小。当温度升高时，开路电压变小，短路电流有小幅度提升。总的来说最大功率是减小的。比较表 6.6、表 6.7 和表 6.8 可知光强较强时，最佳阻值较小，最大输出功率较大。当光强减小时，开路电压和短路电流都减小。通过实验得知温度的上升，会造成太阳能电池最大输出功率的减小，因此工作环境的温度将直接影响太阳能电池的效率。而在一定范围内，太阳能电池的最大输出功率随光强增大而增大，因此光强在一定范围内越大越好。

◆ 思考题 ◆

1. MPMS 使用什么器件来测量直流磁化强度的磁场变化？有什么特点？

2. MPMS 设计原理是什么？由哪些模块组成？有哪些应用？

3. 使用 MPMS 时应注意哪些问题？

4. PPMS 可以测量哪些物理性能？

5. 铁电材料具有什么性质？测量铁电性的原理是什么？

6. 太阳能电池有哪些参数？分别是怎么定义的？

7. 太阳能电池的效率与什么因素有关？

◆ 参考文献 ◆

［1］张焱，高政祥，高进等. 磁性测量仪器（MPMS-XL）的原理及应用 ［J］. 现代仪器，2003，5：36-39.

［2］孙豪岭，高松. 分子磁性材料的磁有序研究 ［J］. 现代仪器，2002，（4）：16.

［3］Hwang Jih Shang，Kai Jan Lin，Cheng Tien. Measurement of heat capacity by filting the whole temperature response of a heat-pulse calorimeter. Review of Scientific Instruments，1997，68（1）：94-101.

根据物质的光谱来鉴别物质及确定它的化学组成和相对含量的方法叫光谱分析。其优点是灵敏、迅速。历史上曾通过光谱分析发现了许多新元素，如铷、铯、氦等。根据分析原理，光谱分析可分为发射光谱分析与吸收光谱分析两种；根据被测成分的形态可分为原子光谱分析与分子光谱分析。本章主要介绍常用几种光谱分析方法。

7.1　光谱分析方法

光谱分析主要是以光学理论为基础，以物质与光相互作用为条件，建立物质分子结构与电磁辐射之间的相互关系，从而进行物质分子几何异构、立体异构、构象异构和分子结构分析和鉴定的方法。光谱分析技术依赖于样品对电磁辐射的吸收或发射。基于此，光谱实验通常是测定两个参数：样品所吸收或发射的电磁辐射的频率以及吸收或发射的强度。对于材料结构与组成的定性和定量分析方法来说，主要考虑吸收光谱。

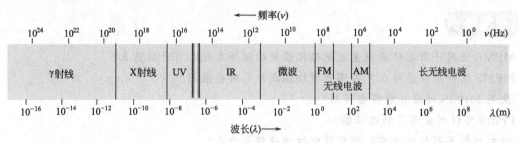

图 7.1　电磁波谱

电磁波区域范围很广，从波长极短的宇宙射线到波长较长的无线电波，如图 7.1 所示。电磁波的波长（λ）越短，则频率（ν）越高，具有能量（ΔE）越大。它们之间的关系是：

$$\nu = \frac{c}{\lambda} \tag{7.1}$$

$$\Delta E = h\nu = \frac{hc}{\lambda} \tag{7.2}$$

式中，c 为光速，3×10^{10} cm/s；ν 为频率，Hz，它的另一种表示法是用波数（σ），即 1cm 长度上所含波的数目，其单位用 cm^{-1} 表示；λ 为波长，单位常用米（m）、厘米（cm）、微米（μm）、纳米（nm）表示；ΔE 为能量，J；h 为普朗克常量，等于 6.626×10^{-34} J·s。

紫外光的波长较短（一般指 100～400nm），能量较高，当它照射到分子上时，会引起分子中价电子能级的跃迁。红外光的波长较长（一般指 2.5～25μm），能量稍低，它只能引起分子中成键原子的振动和转动能级的跃迁。核磁共振波的能量更低（一般指 60～250MHz，波长约 10cm）。它产生的是原子核自旋能级的跃迁。

由于分子吸收辐射光的能量是量子化的，只有当光子的能量恰好等于两个能级之间的能量差时，才能被分子吸收。因此对某一分子来说，它只能吸收某一特定频率的辐射能量。如吸收的能量引起分子中价电子跃迁而产生的吸收光谱叫紫外光谱；引起分子中成键原子振动和转动能级的跃迁而产生的光谱叫红外光谱；引起分子中核自旋能级跃迁而产生的光谱叫核磁共振谱。紫外光谱、红外光谱、核磁共振谱等都是吸收光谱。此外，广义的吸收光谱还包括拉曼光谱和原子吸收光谱。

本章主要对紫外-可见光谱、红外光谱、拉曼光谱作简要介绍，更详细的请参阅相关专著。

7.2 紫外-可见光谱

7.2.1 简介

紫外光谱是电子吸收光谱，通常所说的紫外光谱的波长范围是 200～400nm，常用的紫外光谱仪的测试范围可扩展到可见光区域，包括 400～800nm 的波长区域。当样品分子或原子吸收光子后，外层电子由基态跃迁到激发态，不同结构的样品分子，其电子的跃迁方式是不同的，而且吸收光的波长范围不同，吸光强度也不同，从而可根据波长范围、吸光度鉴别不同物质结构方面的差异。

由于紫外光谱是分子中电子吸收的变化而产生的，并与共轭体系的 π 电子跃迁有关，这意味这一光谱可提供化合物中多重键和芳香共轭性方面的有关信息，并包括那些能使化合物分子中某些多重键体系共轭性得以扩展的氧、氮、硫原子上非键合电子的信息。对某些添加剂（如加稳定剂、增塑剂）或杂质（如残留单体、催化剂）的测定是一种比较有效的方法。另外由于紫外区的吸收率高（比红外区大一个数量级）且可用较厚的样品，所以能分析材料中的微量化合物。

7.2.2 基本原理和系统组成

7.2.2.1 紫外吸收光谱的产生

紫外吸收光谱是由分子中价电子能级跃迁所产生的。在化合物分子中价电子有三种类型，即 σ 键电子、π 键电子和未成键的孤对电子（n 电子），这些价电子吸收一定的能量后，从基态跃迁到激发态，按分子轨道理论，由成键轨道跃迁到反键轨道，即发生 σ→σ*、n→σ*、π→π* 和 n→π* 四种类型的跃迁。这些跃迁所需要能量比较如下：

$$\sigma \rightarrow \sigma^* > n \rightarrow \sigma^* > \pi \rightarrow \pi^* > n \rightarrow \pi^*$$

（1）σ→σ* 跃迁 饱和烃中的 C—C 键是 σ 键。产生跃迁的能量大，吸收波长小于 150nm 的光子，所以在真空紫外光谱区有吸收，但在紫外光谱区观察不到。

（2）n→σ* 跃迁 含有非键合电子（即 n 电子）的杂原子（如 O、N、S、卤素等）的饱和烃衍生物都可发生跃迁。它的能量小于 σ→σ* 跃迁。吸收波长为 150～250nm 的区域，只有一部分在紫外区域内，同时吸收系数 ε 小，所以也不易在紫外区观察到。

（3）π→π* 跃迁　不饱和烃、共轭烯烃和芳香烃类可发生此类跃迁，所需能量较小，吸收波长大多在紫外区（其中孤立的双键的最大吸收波长小于200nm），吸收峰的吸收系数 ε 很高。

（4）n→π* 跃迁　在分子中有孤对电子和 π 键同时存在时，会发生跃迁，所需能量小，吸收波长大于 200nm，但吸收峰的吸收系数 ε 很小，一般为 10～100。

（5）d→d 跃迁　在过渡金属络合物溶液中易发生这种跃迁，其吸收波长一般在可见光区域。

（6）电荷转移跃迁　电荷转移可以是离子间、离子与分子间，以及分子内的转移，条件是同时具备电子给体和电子受体。电荷转移的吸收谱带的强度大，吸收系数 ε 一般大于 10000。

由上可知，不同类型分子结构的跃迁方式是不同的，有的基团可有几种跃迁方式。在紫外光谱区有吸收的是 π→π* 和 n→π* 两种。

7.2.2.2　发色基团、助色基团和吸收带

凡是能导致化合物在紫外及可见光产生吸收的基团，不论是否显出颜色都称为发色基团。例如，分子中含有 π 键的 C＝C、C≡C、苯环以及 O＝C、—N＝N—、＝S＝O 等不饱和基团都是发色基团。

如果化合物中由几个发色基团互相共轭，则各个发色基团所产生的吸收带将消失，而代之出现新的共轭吸收带，其波长将比单个发色基团的吸收波长长，吸收强度也将显著增强。

助色基团是指那些本身不会使化合物分子产生颜色或者在紫外及可见光区不产生吸收的一些基团，但这些基团与发色基团相连时却能使发色基团的吸收带波长移向长波，同时使吸收强度增强。通常，助色基团是由含有孤对电子的元素所组成，如—NH₂、—NR₂、—OH、—OR、—Cl 等。这些基团借助于共轭使发色基团增加共轭程度，从而使电子跃迁的能量下降。

由于有机化合物分子中引入了助色基团或其他发色基团而产生结构的变化，或者由于溶剂的影响使其他紫外吸收带的最大吸收波长向长波方向移动的现象称为红移。与此相反，如果吸收带的最大吸收波长向短波方向移动，则称为蓝移。

与吸收带波长红移及蓝移相似，由于有机化合物分子结构中引入了取代基或受溶剂的影响，使吸收带的强度，即摩尔吸光系数增大或减小的现象称为增色效应或减色效应。

此外，在紫外光谱带分析中，往往将谱带分成四种类型，即 R 吸收带、K 吸收带、B 吸收带和 E 吸收带。

（1）R 吸收带　—NH₂、—NR₂、—OR 的卤代烷烃可产生这类谱带。它是跃迁形成的吸收带，由于 ε 很小，吸收谱带较弱，易被强吸收谱带掩盖，并且易受极性溶剂的影响而发生偏移。

（2）K 吸收带　共轭烯烃，取代芳香化合物可产生这类谱带。它是跃迁形成的吸收带，吸收谱带较强。

（3）B 吸收带　B 吸收带是芳香化合物及杂芳香化合物的特征谱带。在这个吸收带中，有些化合物容易反映出精细结构。溶剂的极性、酸碱性等对精细结构的影响较大。苯和甲苯在环己烷溶剂中的 B 吸收带精细结构在 230～270nm。苯酚在非极性溶剂庚烷中的 B 吸收带呈精细结构，而在极性溶剂乙醇中观察不到精细结构。

（4）E 吸收带　它也是芳香族化合物的特征谱带之一，吸收强度大，为 2000～14000，吸收波长偏向紫外的低波长部分，有的在真空紫外区。

由上可见，不同类型分子结构的紫外吸收谱带也不同，有的分子可有几种吸收谱带，如

乙酰苯其正庚烷溶液的紫外光谱中，可以观察到 K、B、R 三种谱带分别为 240nm（$\varepsilon_{max} >$ 10000）、278nm（$\varepsilon_{max} = 1000$）和 319nm（$\varepsilon_{max} = 50$），它们的强度是依次下降的。其中 B 和 R 吸收带分别为苯环和羰基的吸收带，而苯环和羰基的共轭效应导致产生很强的 K 吸收带。又如甲基 α-丙烯基酮在甲醇中的紫外光谱存在两种跃迁：跃迁在低波长区是烯基与羰基共轭效应所致，属 K 吸收带，$\varepsilon_{max} > 10000$，跃迁在高波长区是羰基的电子跃迁所致，为 R 吸收带，$\varepsilon_{max} < 100$。

综上可知，在有机和高分子的紫外吸收光谱中，R、K、B、E 的分类不仅考虑到各基团的跃迁方式，而且还考虑到分子结构中各基团相互作用的效应。

紫外吸收光谱常以吸收带最大吸收处波长和该波长下的摩尔吸光系数来表征化合物的吸收特征。吸收光谱反映了物质分子对不同波长紫外光的吸收能力。吸收带的形状、λ_{max} 和 ε_{max} 与吸光分子的结构有密切的关系。各种化合物的 λ_{max} 和 ε_{max} 都有定值，同类化合物的 ε_{max} 比较接近，处于一定的范围。

7.2.2.3 谱图解析步骤

紫外光谱是由于电子跃迁产生的光谱，在电子跃迁过程中，会伴随着分子、原子的振动和转动能级的跃迁，与电子跃迁叠加在一起，使得紫外吸收谱带一般比较宽，所以在分析紫外光谱时，除注意谱带的数目、波长及强度外，还注意其形状、最大值和最小值。

一般地，单靠紫外吸收光谱，无法推定官能团，但对测定共轭结构还是很有利的。它与其他仪器配合使用就能发挥很大的作用。

在解析谱图时可以从下面几个方面加以判断：

（1）从谱带的分类、电子跃迁方式来判别。注意吸收带的波长范围、吸收系数以及是否有精细结构等。

（2）从溶剂极性大小引起谱带移动的方向判别。

（3）从溶剂的酸碱性的变化引起谱带移动的方向来判别。

7.2.2.4 紫外光谱仪

（1）结构　紫外光谱仪有单光束和双光束两种。目前单光束的紫外光谱仪已经很少见了，这里简单介绍一下双光束的紫外光谱仪，其结构如图 7.2 所示。

（2）测试原理　为测定试样的吸收值，试样光束和参考光束的强度必须进行比较，因斩波器分割而得到的两束光交替地落在检测器上，并放大。若两束光强有差别（即试样室光束被试样部分吸收）则衰减器可移动调节两光束相等，衰减器的位置则是试样的相对吸收量度，通过数字机构，将参考光束和试样光束的强度比（I_0/I）和波长关系输入到记录仪中，即得到紫外光谱图。

（3）谱图的表示方法　当纵坐标选用不同的表示方法时，所得的曲线形状是不同的。

各种参数可由下列各个公式计算得到

$$\varepsilon = \frac{A}{cL} \tag{7.3}$$

或取对数

$$\lg\varepsilon = \lg A - \lg cL \tag{7.4}$$

式中，A 为吸光度；c 为溶液的质量浓度；L 为样品槽厚度。

紫外吸收光谱分析可用来进行在紫外区范围有吸收峰的材料的检定及结构分析，其中主

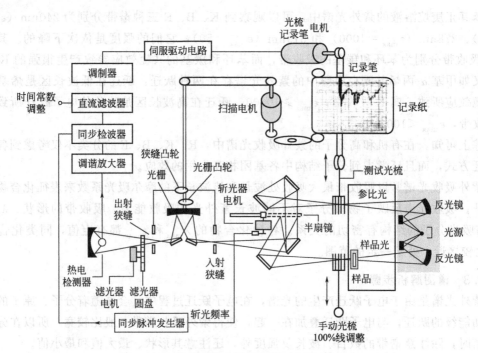

图 7.2 双光路紫外光谱仪原理（岛津 IR-408）

要是有机化合物的分析和鉴定，同分异构体的鉴别，材料结构的测定等。但是，有机化合物在紫外区中有些没有吸收谱带，有的仅有较简单而宽阔的吸收光谱。另外，如果材料组成的变化不影响生色团及助色团，就不会显著地影响其吸收光谱，例如甲苯和乙苯的紫外吸收光谱实际上是相同的。因此，材料的紫外吸收光谱基本上是其分子中生色团及助色团的特性，而不是它的整个分子的特性。所以，单根据紫外光谱不能完全决定材料的分子结构，还必须与红外吸收光谱、核磁共振波谱、质谱以及其他化学的和物理化学的方法共同配合起来，才能得出可取的结论。当然，紫外光谱也有其特有的优点，例如具有 π 电子及共轭双键的化合物，在紫外区有强烈的 K 吸收带，其摩尔吸光系数 ε 可达 $10^4 \sim 10^5$，检测灵敏度很高（红外吸收光谱的 ε 很少超过），因而紫外吸收光谱的和还是能像其他物理常数，如熔点、旋光度等一样，可提供一些有价值的定性数据。其次，紫外吸收光谱分析所用的仪器比较简单而普通，操作方便，准确度也较高，因此它的应用是很广泛的。

（4）定性分析　以紫外吸收光谱鉴定有机化合物时，通常是在相同的测定条件下，比较未知物与已知标准物的紫外光谱图，若两者的谱图相同，则可认为待测样品与已知化合物具有相同的生色团。如果没有标准物，也可借助于标准谱图或有关电子光谱数据表进行比较。

但应注意，紫外吸收光谱相同并不意味着一定是相同的，两种化合物有时不一定相同，因为紫外吸收光谱通常只有 2～3 个较宽的吸收峰，具有相同生色团的不同分子结构。有时在较大分子中一些官能团并不影响生色团的紫外吸收峰，导致不同分子结构产生相同的紫外吸收光谱，但它们的吸光系数是有差别的。所以在比较 λ_{max} 的同时，还要比较它们的 ε_{max}。如果待测物和标准物的吸收波长相同、吸光系数也相同，则可认为两者是同一物质。

以有机高分子材料为例，其紫外吸收峰通常只有 2～3 个，且峰形平稳，因此它的选择性远不如红外光谱，而且紫外光谱主要决定于分子中发色和助色基团的特性，而不是整个分子的特性，所以紫外吸收光谱用于定性分析不如红外光谱重要和准确。又因为只有具有重键和芳香共轭体系的高分子才有紫外活性，所以紫外光谱能测定出的高分子种类受到很大局限。

在作定性分析时，如果没有相应化合物的标准谱图可供对照，也可以根据以下有机化合物中发色团的出峰规律来分析。例如，一个化合物在 200～800nm 无明显吸收，它可能是脂肪族碳氢化合物，胺、腈、醇、羧酸的二缔体、氯代烃和氟代烃，不含直链或环状的共轭体系，没有醛基、酮基、Br 或 I；如果在 210～250nm 具有强吸收带（$\varepsilon = 10000$），可能含有 2 个不饱和单位的共轭体系；如果类似的强吸收带分别落在 260nm、300nm 或 330nm 左右，则可能相应地具有 3 个、4 个或 5 个不饱和单位的共轭体系；如果在 210～300nm 间存在中等吸收峰（$\varepsilon \approx 200～1000$）并有精细结构，则表示有苯环存在；在 250～300nm 有弱吸收（$\varepsilon \approx 20～100$），表示羰基的存在，若化合物有颜色，则分子中所含共轭的发色团和助色团的总数将大于 5。

尽管只有有限的特征官能团才能发色，使紫外谱图过于简单而不利于定性，但利用紫外光谱，很容易将具有特征官能团的高分子与不具特征官能团的化合物分子区分开来，比如聚二甲基硅氧烷（硅树脂或硅橡胶）就易于与含有苯基的硅树脂或硅橡胶区分。首先用碱溶液破坏这类含硅高分子，配适当浓度的溶液进行测定，含有苯基的紫外区有 B 吸收带，不含苯基的则没有吸收。

（5）纯度检查　如果一化合物在紫外区没有吸收峰，而其中的杂质有较强吸收，就可方便地检出该化合物中的痕量杂质。例如要检定甲醇或乙醇中的杂质苯，可利用苯在 256nm 处的 B 吸收带，而甲醇或乙醇在此波长处几乎没有吸收。又如四氯化碳中有无二硫化碳杂质，只要观察在 318nm 处有无二硫化碳的吸收峰即可（图 7.3）。

又如干性油含有共轭双键，而不干性油是饱和脂酸酯或虽不是饱和体，但其双键不相共轭。不相共轭的双键具有典型的烯键紫外吸收带，其所在波长较短；共轭双键谱带所在波长较长，且共轭双键越多，吸收谱带波长越长。因此饱和脂酸酯及不相共轭双键的吸收光谱一般在 210nm 以下。含有两个共轭双键的约在 220nm 处，三个共轭双键的在 270nm 附近，四个共轭双键的则在 310nm 左右，所以干性油的

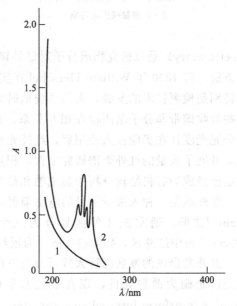

图 7.3　甲醇中杂质苯的鉴定
1—纯甲醇；2—被苯污染的甲醇

吸收谱带一般都在较长的波长处。工业上往往要设法使不相共轭的双键转变为共轭，以便将不干性油变为干性油。紫外吸收光谱的观察是判断双键是否移动的简便方法（图 7.4）。

（6）定量测定　紫外光谱法的吸收强度比红外光谱法大得多，它的灵敏度为，测量准确度高于红外光谱法；紫外光谱法的仪器也比较简单，操作方便。所以紫外光谱法在定量分析上有一定优势。

紫外光谱法很适合测定多组分材料中某些组分的含量，研究共聚物的组成、微量物质（单体中的杂质、聚合物中的残留单体或少量添加剂等）和聚合反应动力学。对于多组分混

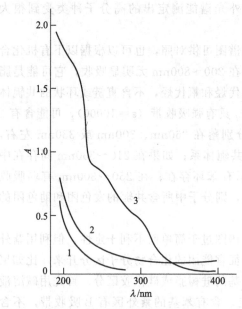

图 7.4　容器塞子对乙醇的污染
1—纯乙醇；2—乙醇被软木塞污染；
3—乙醇被橡皮塞污染

合物含量的测定，如果混合物中各种组分的吸收相互重叠，则往往仍需预先进行分离。

例如丁苯橡胶中共聚组成的分析。经实验，选定氯仿为溶剂，260nm 为测定波长（含苯乙烯 25% 的丁苯共聚物在氯仿中的最大吸收波长是 260nm，随苯乙烯含量增加会向高波长偏移）。在氯仿溶液中，当 $A = 260nm$ 时，丁二烯吸收很弱，消光系数是苯乙烯的 1/50，可以忽略。将聚苯乙烯和聚丁二烯两种均聚物以不同比例混合，以氯仿为溶剂测得一系列已知苯乙烯含量所对应的 $\Delta\varepsilon$ 值，做出工作曲线。于是，只要测得未知物的 $\Delta\varepsilon$ 值就可从曲线上查出苯乙烯含量。

7.3　红外吸收光谱

7.3.1　简介

红外吸收光谱法（infrared absorption spectrometry）是以研究物质分子对红外辐射的吸收特性而建立起来的一种定性、定量的分析方法。自 1800 年 William Herschel 在实验中发现红外辐射以来，随着对红外线的研究技术特别是检测技术的发展，人们系统地研究了大量有机和无机物的红外吸收光谱，逐渐发现某些吸收谱带和分子基团存在相互关系。1947 年，世界上第一台实用的双光束自动记录红外分光光度计在美国投入使用后，红外光谱逐渐成为一种重要的分析工具。特别是在化学领域，开展了大量的红外光谱研究工作，积累了大量物质的标准红外吸收光谱图，现在红外光谱法已经成为有机结构分析中最成熟和最主要的测试手段之一。

红外线是一种人眼看不见的电磁辐射，红外光谱在可见光和微波之间，波数在 13000～10cm^{-1} 之间。通常把红外区划分为三个部分：13000～4000cm^{-1} 为近红外区，4000～400cm^{-1} 为中红外区，400～10cm^{-1} 为远红外区。

红外光谱仪的发展历程大致可分为三代，第一代是以棱镜为散射元件，现已淘汰；第二代是以光栅为散射元件，现在也已基本停产或淘汰；第三代是傅里叶变换红外光谱仪（fourier transform infrared spectrometer，FTIR），这种红外光谱仪无分光系统，一次扫描即可获得全谱，扫描速度快，可用于检测多种样品，分辨率高，测定光谱范围宽，大大扩展了红外光谱法的应用领域。

红外光谱法不仅能进行定性和定量分析，而且可以鉴定化合物和分子结构，近红外光谱分析可用于与含氢基团有关的各种分析，而且测定样品不需要预处理，应用范围十分广泛。

7.3.2　基本原理和系统组成

物质的分子在不断运动，分子本身的运动很复杂，可以分为分子平动、转动、振动和分子价电子绕原子核运动等。平动是温度的函数，由于分子在平动时不会发生偶极矩的变化，不会产生光谱。转动能级间隔最小（$\Delta E < 0.5eV$），会产生相应的红外或微波吸收光谱，但

主要在远红外区。振动能级间隔较大（$\Delta E = 0.05 \sim 1.0 \mathrm{eV}$），产生振动能级的跃迁需要吸收较短波长的光，因此，分子的振动吸收光谱主要在中红外区，且在振动跃迁的过程中往往伴随转动跃迁，因此中红外光谱是分子的振动和转动联合作用引起的，通常被称为分子的振-转光谱。分子中电子能级间隔更大，光谱出现在可见、紫外或波长更短的光谱区。

分子产生红外吸收光谱必须满足两个条件：一是分子振动或转动必须产生瞬时偶极矩变化，分子吸收红外辐射的强度与吸收跃迁概率有关，分子振动时偶极矩发生瞬间变化使分子具有红外活性；二是分子的振动频率与红外辐射的频率相同时才会发生红外辐射吸收。分子内的原子在其平衡位置上处于不断的振动状态，对于非极性双原子分子（如 H_2、O_2，N_2 等），分子的振动不能引起偶极矩的变化，因此不产生红外吸收。

除了振动模式全为对称振动的分子之外，几乎所有的有机化合物和许多的无机化合物都具有相应的红外吸收光谱，具有很强的特征性，具有不同结构的化合物具有不同的红外吸收光谱，其吸收峰与分子中各基团的振动相对应。因此，利用红外吸收光谱可以确定化学基团，鉴定未知物的结构。

7.3.2.1 分子的基本振动模式

双原子分子可以看成是用弹簧连接起来的两个小球，可以视为简谐振动，其振动符合胡克定律，计算双原子分子的振动频率公式可表示为：

$$\nu = \frac{1}{2\pi c}\sqrt{\frac{k}{\mu}} \tag{7.5}$$

式中，k 为力常数（键强度），$\mathrm{N/cm}$；μ 为折合质量。对于质量相近的基团，力常数随三键、双键和单键顺序递减，其振动频率也相应递减，三键为 $2500 \sim 2000 \mathrm{cm}^{-1}$，双键为 $1800 \sim 1600 \mathrm{cm}^{-1}$，单键为 $1500 \sim 700 \mathrm{cm}^{-1}$。对于同一基团，由于改变键长所需的能量较高，其力常数较变形振动大，因此伸缩振动频率要大于变形振动频率。

多原子分子由于组成原子数目增多，组成分子的键、基团和空间结构不同，使得多原子分子有多种振动方式，不仅有伸缩振动，还有键角发生变化的弯曲振动等。可以把复杂的振动分解为许多简单的基本振动，即简正振动。分子中任何的复杂振动都可以看做简正振动的线性组合。

一般将振动形式分为两类：伸缩振动和弯曲振动。伸缩振动可以分为对称伸缩振动和不对称伸缩振动，对于同一基团来说，不对称伸缩振动的频率要稍高于对称伸缩振动。弯曲振动是指基团键角发生周期变化而键长不变的振动。弯曲振动可分为面内弯曲和面外弯曲振动，面内弯曲振动又可分为面内剪式振动和面内摇摆振动，面外弯曲振动又可分为面外摇摆振动和面外扭曲振动。

7.3.2.2 基团频率和特征吸收峰

物质的红外光谱反映了分子的结构，谱图中各个吸收峰和分子中各基团的振动相对应。在红外光谱中，每种红外活性的振动都产生一个吸收峰，所以情况十分复杂，下面按波数分段结合最常见的基团讨论。

（1）$4000 \sim 2500 \mathrm{cm}^{-1}$　由于分子中的 X—H、C＝X、C≡X 伸缩振动频率高，受分子其他部分振动影响小，在 $4000 \sim 1350 \mathrm{cm}^{-1}$ 区域内基团吸收频率较为稳定，因此上述区域称为基团频率区，利用这一区域的特征吸收带可以推断化合物中可能存在的官能团。其中

$4000\sim2500cm^{-1}$为 X—H（X＝C、N、O、S 等）伸缩振动区。

羟基（醇和酚的羟基）的吸收峰于 $3200\sim3650cm^{-1}$ 范围。羟基可形成分子间或分子内氢键，而氢键所引起的缔合对红外吸收峰的位置、形状、强度都有重要影响。游离羟基仅存在于气态或低浓度的非极性溶剂的溶液中，其红外吸收在较高波数（$3610\sim3640cm^{-1}$），峰形尖锐，当羟基在分子间缔合时，形成以氢键相连的多聚体，键力常数 K 值下降，因而红外吸收峰移向较低波数 $3300cm^{-1}$ 附近，峰形较宽。羟基在分子内也可形成氢键，使羟基红外吸收峰移向低波数，羧酸内由于羰基和羟基的强烈缔合，吸收峰的底部可延续到 $2500cm^{-1}$，形成一个很宽的吸收带。特别要注意的是，当样品或溴化钾晶体含有微量水分时，会在 $3300cm^{-1}$ 附近出现吸收峰，如果含水量较大，$1630cm^{-1}$ 处也有吸收峰（羟基无此峰），若要鉴别微量水与羟基，可观察指纹区内是否有羟基的吸收峰，或将干燥后的样品用石蜡油调糊作图，或将样品溶于溶剂中，以溶液样品作图，从而排除微量水的干扰。游离羟基的吸收峰因在较高波数，且峰形尖锐，因而不会与水的吸收峰混淆。

氨基的红外吸收与羟基类似，游离氨基的红外吸收峰在 $3300\sim3500cm^{-1}$，伯胺有两个吸收峰，因为它有两个 N—H 键，有对称和非对称两种伸缩振动，这使得它与羟基形成明显区别，其吸收强度比羟基弱，脂肪族伯胺更是如此。仲胺只有一种伸缩振动，只有一个吸收峰，其吸收峰比羟基要尖锐。芳香仲胺的吸收峰比相应的脂肪仲胺波数偏高，强度较大。叔胺因氮上无氢，在这个区域没有吸收峰。

烃基，C—H 键振动的分界线是 $3000cm^{-1}$。不饱和碳（双键及苯环）的碳氢伸缩振动峰大于 $3000cm^{-1}$，饱和碳（除三元环外）的碳氢伸缩振动峰低于 $3000m^{-1}$，这对分析谱图很重要。不饱和碳的碳氢伸缩振动吸收峰强度较低，往往大于 $3000cm^{-1}$，以饱和碳的碳氢吸收峰的小肩峰形式存在。C＝C—H 的吸收峰在约 $3300cm^{-1}$，峰很尖锐，不易与其他不饱和碳氢吸收峰混淆。饱和碳的碳氢伸缩振动一般可见四个吸收峰，其中两个属于 CH_3，$2960\sim2870cm^{-1}$；两个属于 CH_2，$2925\sim2850cm^{-1}$。由这两组峰的强度可大致判断 CH_3 和 CH_2 的比例。CH_3 或 CH_2 与氧原子相连时，其吸收峰位置都移向较低波数。同时，在进行未知物的鉴定时，看其红外谱图 $3000cm^{-1}$ 附近很重要，该处是否有吸收峰，可用于有机物和无机物的区分（无机物无吸收）。

（2）$2500\sim2000cm^{-1}$　这是三键和累积双键（C≡C、C≡N、C＝C＝C、N＝C＝O、N＝C＝S 等）的伸缩振动区。在这个区域内，应注意任何小的吸收峰，它们都可以提供结构信息，但也会出现空气背景中未完全扣除的 CO_2 的吸收峰（$2365\sim2335cm^{-1}$）。$2700\sim2200cm^{-1}$ 之间还有一重要信息：铵盐。其特征为 $2700\sim2200cm^{-1}$ 之间有一群峰，药物中的此类化学结构比较常见。

（3）$2000\sim1500cm^{-1}$　此区域是红外谱图中很重要的区域，是双键伸缩振动区。在这个区域中最重要的是羰基的吸收峰，大部分羰基化合物的羰基吸收峰处于 $1650\sim1900cm^{-1}$。除去羧酸盐等少数情况外，羰基峰尖锐或稍宽，强度较大，在羰基化合物中的红外谱图中羰基的吸收峰一般都为最强或次强峰。C＝C 双键的吸收峰在 $1600\sim1670cm^{-1}$，强度中等或较低。苯环的骨架振动峰在约 $1450cm^{-1}$、$1500cm^{-1}$、$1580cm^{-1}$、$1600cm^{-1}$。杂环和苯环的骨架吸收峰与苯环相似。在这个区域还有 C＝N、N＝O 等基团的吸收峰。

（4）$1500\sim1300cm^{-1}$　除前面已讲到苯环、杂芳环、硝基等的吸收峰可能进入此区之外，该区域主要提供了 C—H 弯曲振动的信息。甲基在 $1380cm^{-1}$、$1460cm^{-1}$ 同时有吸收峰，当前一吸收峰发生分叉时表示偕二甲基（二甲基连在同一碳原子上）的存在，这在核磁氢谱尚未广泛应用之前，对判断偕二甲基起过重要作用，现在也可以作为一个鉴定偕二甲基的辅助手段。

（5）1300～910cm^{-1}　　所有单键的伸缩振动峰、分子骨架振动峰都在这个区域。部分含氢基团的一些弯曲振动和一些含重原子的双键（P＝O、P＝S 等）的伸缩振动峰也在这个区域。这是由于弯曲振动的键力常数 K 较小的，但含氢基团的折合质量也较小，因此某些含氢官能团弯曲振动频率也出现在此区域；而双键的键力常数 K 大，但两个重原子组成的基团的折合质量也大，所以使其振动频率也出现在这个区域。

（6）910cm^{-1} 以下　　苯环因取代而产生的吸收是这个区域很重要的内容。这是判断苯环取代位置的主要依据（吸收源于苯环 C—H 的弯曲振动），但是当苯环上有强极性基团的取代时，常常不能由这一段的吸收判断取代情况。

从前面六个区的讨论我们可以看到，由第 1～4 区（即 4000～1300cm^{-1}）的吸收都有一个共同点：每一红外吸收峰都和一定的官能团相对应。因此，常称这个大区为官能团区。第 5 和第 6 区与官能团区不同。虽然在这个区域内的一些吸收也对应着某些官能团，但大量的吸收峰仅显示了化合物的红外特征，犹如人的指纹，故称为指纹区。

由上述可知，红外吸收的六个波段归纳为指纹区和官能团区。存在着这两个大区，既有上述的理论解释，也是实验数据的概括。波数大于 1300cm^{-1} 的区域为官能团区，波数小于 1300cm^{-1} 的区域是指纹区。官能团区的每个吸收峰表示某官能团的存在，原则上每个吸收峰均可找到归属。指纹区的吸收峰数目较多，往往其中的大部分不能找到归属，但这大量的吸收峰表示了有机化合物分子的具体特征，犹如人的指纹，可以与标准谱进行比对判断属于何种化合物。但也要注意制样条件也可能引起指纹区吸收的变化。

7.3.3　样品制备

要获得一张高质量的红外图谱，除了仪器本身的因素外，试样的制备也是十分关键的。通常用于红外检测的样品可以是气体、纯液体、溶液或固体试样。

气体试样需用到玻璃气槽，两端为能透过红外光的 KBr 或 NaCl 片。进样时，一般需要先把气槽抽真空再灌注试样。

液体试样池的透光面也是盐片，因为是水溶性的，故不能测定水溶液。液体试样的制备有液膜法和溶液法。液膜法比较常用，是在可拆池的两片盐片之间滴上 1～2 滴液体试样，使之形成一层薄而均匀的液膜。液膜的厚度可以借助池架上的紧固螺丝微调。溶液法是将液体或固体溶解在适当的溶剂中，如 CS_2、CCl_4、$CHCl_3$ 等，然后再注入固定液池中进行测定。

固体试样常用压片法、调糊法、薄膜法等。压片法是制备固体试样最常用的方法。通常按照一定比例将固体样品和 KBr 混合研磨，在磨具中用液压机压成透明的盐片再置于光路中进行测定。由于 KBr 在 4000～400cm^{-1} 光区无吸收，因此可以绘制全波段光谱图。调糊法是把试样研细，滴入几滴液体石蜡，继续研磨成糊状，然后用可拆池进行测定，适用于对水特别敏感的样品，但不适用于用来研究与石蜡相似的饱和烷烃。薄膜法适合高分子化合物的测定，通常将试样热压成膜或溶解在易挥发溶剂中，然后滴加在玻璃板上成膜干燥后测定。

不论何种制样方法都要注意保证样品性质的均匀性，因此固体试样要充分研磨，混合均匀；液体和糊状试样也要充分混合均匀，避免分层。

红外光谱分析的注意事项：

① 光谱图必须有足够的强度和分辨率。

② 应使用足够纯度的样品进行测试。

③ 样品处理方法非常关键，如使用了溶剂，必须说明溶剂是什么。

④ 不要试图单独对红外光谱进行系统分析，应主要通过特征吸收峰判断一些官能团是否存在。

7.3.4 应用举例

红外光谱法在鉴定有机化合物中的应用最为常见，另外无机固体在中红外区（400～4000cm^{-1}）有指纹振动吸收，反映结构的短程有序度。

图 7.5 为甲基环己烷的红外光谱，其特征峰主要是小于 3000cm^{-1} 附近 C—H 伸缩振动峰以及 1400～1600cm^{-1} 的 C—H 弯曲振动峰。图 7.6 为环己烯的红外光谱，其特征峰主要是 =C—H 在大于 3000cm^{-1} 的伸缩振动峰，小于 3000cm^{-1} 附近的 C—H 伸缩振动峰，C=C 在 1670～1640cm^{-1} 的伸缩振动峰以及 1400cm^{-1} 附近的 C—H 弯曲振动峰。

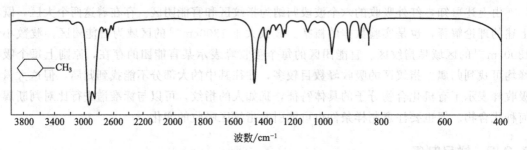

图 7.5　甲基环己烷的红外光谱

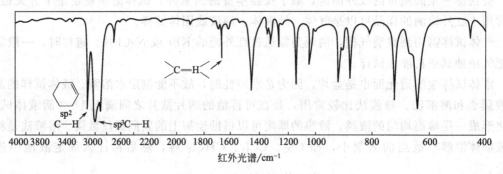

图 7.6　环己烯的红外光谱

7.4　拉曼光谱

7.4.1　简介

拉曼效应是能量为 $h\nu_0$ 的光子同分子碰撞所产生的光散射效应，也就是说，拉曼光谱是一种散射光谱。在 20 世纪 30 年代，拉曼散射光谱曾是研究分子结构的主要手段。后来随着实验内容的不断深入，拉曼光谱的弱点（主要是拉曼效应太弱）越来越突出，特别是 20 世纪 40 年代以后，由于红外光谱的迅速发展，拉曼光谱的作用才显得不重要了。

20 世纪 60 年代激光问世，并将这种新型光源引入拉曼光谱后，拉曼光谱出现了崭新的局面。目前激光拉曼光谱已广泛用于有机、无机、高分子、生物、环保等领域，成为重要的分析工具。

在各种分子振动方式中，强力吸收红外光的振动能产生高强度的红外吸收峰，但只能产生强度较弱的拉曼谱峰；反之，能产生强的拉曼谱峰的分子振动却产生较弱的红外吸收峰。因此，拉曼光谱与红外光谱相互补充，才能得到分子振动光谱的完整数据，更好地解决分子结构的分析问题。由于拉曼光谱的一些特点，如水和玻璃的散射光谱极弱，因而在水溶液、气体、同位素、单晶等方面的应用具有突出的优点。近年来，由于发展了傅里叶变换拉曼光谱仪、表面增强拉曼散射、超拉曼、共振拉曼、时间分辨拉曼等新技术，激光拉曼光谱在材料分子结构研究中的作用正在与日俱增。

拉曼光谱为散射光谱。当一束频率为 ν_0 的入射光束照射到气体、液体或透明晶体样品上时，绝大部分可以透过，大约有 0.1% 的入射光与样品分子之间发生非弹性碰撞，即在碰撞时有能量交换，这种光散射称为拉曼散射；反之，若发生弹性碰撞，即两者之间没有能量交换，这种光散射称为瑞利散射。在拉曼散射中，若光子把一部分能量给样品分子，得到的散射光能量减少，在垂直方向测量到的散射光中，可以检测频率为 $\nu_0 = \Delta E/h$ 的线，称为斯托克斯（Stokes）线，如果它是红外活性的话，$\Delta E/h$ 的测量值与激发该振动的红外频率一致；相反，若光子从样品分子中获得能量，在大于入射光频率处接收到散射光线，则称为反斯托克斯线。

处于基态的分子与光子发生非弹性碰撞，获得能量到激发态可得到斯托克斯线；反之，如果分子处于激发态，与光子发生非弹性碰撞就会释放能量而回到基态，得到反斯托克斯线。

斯托克斯线或反斯托克斯线与入射光频率之差称为拉曼位移。拉曼位移的大小和分子的跃迁能级差一样。因此，对应于同一分子能级，斯托克斯线与反斯托克斯线的拉曼位移应该相等，而且跃迁的概率也应相等。但在正常情况下，由于分子大多数是处于基态，测量到的斯托克斯线比反斯托克斯线强得多，所以在一般拉曼光谱分析中，都采用斯托克斯线研究拉曼位移。

拉曼位移的大小与入射光的频率无关，只与分子的能级结构有关，其范围为 4000～25cm^{-1}，因此入射光的能量应大于分子振动跃迁所需能量，小于电子能级。

红外吸收要服从一定的选择定则，即分子振动时只有伴随分子偶极矩发生变化的振动才能产生红外吸收。同样，在拉曼光谱中，分子振动要产生位移也要服从一定的选择定则，也就是说只有伴随分子极化度 α 发生变化的分子振动模式才能具有拉曼活性，产生拉曼散射。极化度是指分子改变其电子云分布的难易程度，因此只有分子极化度发生变化的振动才能与入射光的电场 E 相互作用，产生诱导偶极矩 μ

$$\mu = \alpha E \qquad (7.6)$$

与红外吸收光谱相似，拉曼散射谱线的强度与诱导偶极矩成正比。

在多数的吸收光谱中，只具有两个基本参数（频率和强度），但在激光拉曼光谱中还有一个重要的参数即退偏振比（也可称为去偏振度）。

由于激光是线偏振光，而大多数的有机分子是各向异性的，在不同方向上的分子被入射光电场极化程度是不同的。在红外中只有单晶和取向高聚物才能测量出偏振，而在激光拉曼光谱中，完全自由取向的分子所散射的光也可能是偏振的，因此一般在拉曼光谱中用退偏振比（或称去偏振度）ρ 表征分子对称性振动模式的高低。

$$\rho = \frac{I_\perp}{I_{/\!/}} \tag{7.7}$$

式中，$I_\perp$ 和 $I_{/\!/}$ 分别为与激光电矢量相垂直和相平行的谱线的强度。

$\rho < \frac{3}{4}$ 的谱带称为偏振谱带，表示分子有较高的对称振动模式；$\rho = \frac{3}{4}$ 的谱带称为退偏振谱带，$\rho > \frac{3}{4}$ 表示分子的对称振动模式较低。

7.4.2 激光拉曼光谱与红外光谱比较

拉曼效应产生于入射光子与分子振动能级的能量交换。在许多情况下，拉曼频率位移的程度正好相当于红外吸收频率。因此红外测量能够得到的信息同样也出现在拉曼光谱中，红外光谱解析中的定性三要素（即吸收频率、强度和峰形）对拉曼光谱解析也适用。但由于这两种光谱的分析机理不同，在提供信息上也是有差异的。一般来说，分子的对称性越高，红外与拉曼光谱的区别就越大，非极性官能团的拉曼散射谱带较为强烈，极性官能团的红外谱带较为强烈。例如，许多情况下伸缩振动的拉曼谱带比相应的红外谱带强烈，而伸缩振动的红外谱带比相应的拉曼谱带更为显著。对于链状聚合物来说，碳链上的取代基用红外光谱较易检测出来，而碳链的振动用拉曼光谱表征更为方便。

与红外光谱相比，拉曼散射光谱具有下述优点：

① 拉曼光谱是一个散射过程，因而任何尺寸、形状、透明度的样品，只要能被激光照射到，就可直接用来测量。由于激光束的直径较小，且可进一步聚焦，因而极微样品都可测量。

② 水是极性很强的分子，因而其红外吸收非常强烈。但水的拉曼散射却极微弱，因而水溶液样品可直接进行测量，这对生物大分子的研究非常有利。此外，玻璃的拉曼散射也较弱，因而玻璃可作为理想的窗口材料，如液体或粉末固体样品可放于玻璃毛细管中测量。

③ 对于聚合物及其他分子，拉曼散射的选择定则的限制较小，因而可得到更为丰富的谱带。S—S、C—C、C≡C、N≡N 等红外较弱的官能团，在拉曼光谱中信号较为强烈。

拉曼光谱研究高分子样品的最大缺点是荧光散射，多半与样品中的杂质有关，但采用傅里叶变换拉曼光谱仪，可以克服这一缺点。

如图 7.7 所示，碳材料的各种形态下的拉曼光谱有非常显著的区别。

7.4.3 试验设备和实验技术

激光拉曼光谱仪的基本组成有激光光源、样品室、单色器、检测记录系统和计算机五大部分。

（1）激光光源　激光是原子或分子受激辐射产生的。激光和普通光源相比，具有以下几个突出的优点。

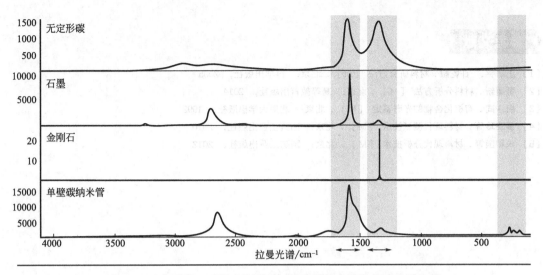

图 7.7 无定形碳、石墨、金刚石、单壁碳纳米管的拉曼光谱比较

① 具有极好的单色性。激光是一种单色光，如氦氖激光器发出的 6328 Å 的红色光，频率宽度只有 9×10^{-2} Hz。

② 具有极好的方向性。激光几乎是一束平行光。激光是非常强的光源。由于激光的方向性好，所以能量集中在一个很窄的范围内，即激光在单位面积上的强度远远高于普通光源。

拉曼光谱仪中最常用的是 He-Ne 气体激光器。受激辐射时发生于 Ne 原子的两个能态之间，He 原子的作用是使 Ne 原子处于最低激发态的黏子数与基态黏子数发生反转，这是粒子发生受激辐射，发出激光的基本条件。He-Ne 激光器是激光拉曼光谱仪中较好的光源，比较稳定，其输出激光波长为 6328Å，功率在 100mW 以下。Ar^+ 激光器是拉曼光谱仪中另一个常用的光源。

（2）制样技术及放置方式 拉曼实验用的样品主要是溶液（以水溶液为主）和固体（包括纤维）。

为了使实验获得十分高的照度和有效地收集从小体积的发出拉曼辐射，多采用一个 90°（较通常）或 180°的试样光学系统。从试样收集到的发射光进入单色仪的入射狭缝。

为了提高散射强度，样品的放置方式非常重要。气体的样品可采用内腔方式，即把样品放在激光器的共振腔内。液体和固体样品是放在激光器的外面。

在一般情况下，气体样品采用多路反射气槽。液体样品可用毛细管、多重反射槽。粉末样品可装在玻璃管内，也可压片测量。

◆ **思考题** ◆

1. 请指出各种波长的电磁波对应于原子或基团的作用和对应的光谱分析手段。

2. 简述有机物在紫外光谱仪中的吸收带的类型。

3. 简述产生红外吸收的原理，分子振动的基本模式。

4. 简述红外光谱样品制备方法。

5. 简述拉曼光谱和红外光谱的异同及其优缺点。

◆ 参考文献 ◆

[1] 王培铭，许乾慰.材料研究方法 ［M］.北京：科学出版社，2005.

[2] 董建新.材料分析方法 ［M］.北京：高等教育出版社，2014.

[3] 唐恢同.有机化合物的光谱鉴定 ［M］.北京：北京大学出版社，1992.

[4] 廖晓玲等.材料现代测试技术 ［M］.北京：冶金工业出版社，2010.

[5] 朱和国等.材料现代分析技术 ［M］.北京：国防工业出版社，2012.

附　录

附录 1　常见晶体的标准电子衍射花样

1. 体心立方晶体的标准电子衍射花样

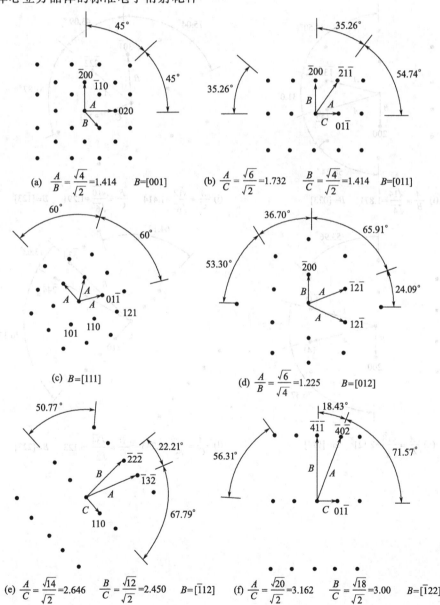

(a) $\dfrac{A}{B}=\dfrac{\sqrt{4}}{\sqrt{2}}=1.414$　$B=[001]$

(b) $\dfrac{A}{C}=\dfrac{\sqrt{6}}{\sqrt{2}}=1.732$　$\dfrac{B}{C}=\dfrac{\sqrt{4}}{\sqrt{2}}=1.414$　$B=[011]$

(c) $B=[111]$

(d) $\dfrac{A}{B}=\dfrac{\sqrt{6}}{\sqrt{4}}=1.225$　$B=[012]$

(e) $\dfrac{A}{C}=\dfrac{\sqrt{14}}{\sqrt{2}}=2.646$　$\dfrac{B}{C}=\dfrac{\sqrt{12}}{\sqrt{2}}=2.450$　$B=[\bar{1}12]$

(f) $\dfrac{A}{C}=\dfrac{\sqrt{20}}{\sqrt{2}}=3.162$　$\dfrac{B}{C}=\dfrac{\sqrt{18}}{\sqrt{2}}=3.00$　$B=[\bar{1}22]$

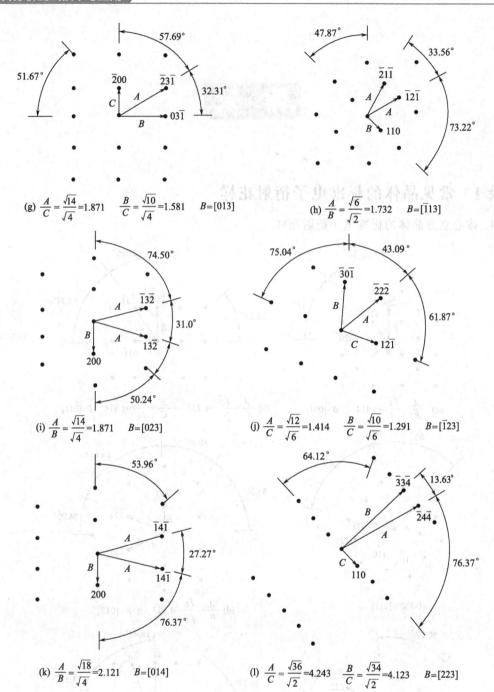

(g) $\dfrac{A}{C}=\dfrac{\sqrt{14}}{\sqrt{4}}=1.871$　　$\dfrac{B}{C}=\dfrac{\sqrt{10}}{\sqrt{4}}=1.581$　　$B=[013]$

(h) $\dfrac{A}{B}=\dfrac{\sqrt{6}}{\sqrt{2}}=1.732$　　$B=[\bar{1}13]$

(i) $\dfrac{A}{B}=\dfrac{\sqrt{14}}{\sqrt{4}}=1.871$　　$B=[023]$

(j) $\dfrac{A}{C}=\dfrac{\sqrt{12}}{\sqrt{6}}=1.414$　　$\dfrac{B}{C}=\dfrac{\sqrt{10}}{\sqrt{6}}=1.291$　　$B=[\bar{1}23]$

(k) $\dfrac{A}{B}=\dfrac{\sqrt{18}}{\sqrt{4}}=2.121$　　$B=[014]$

(l) $\dfrac{A}{C}=\dfrac{\sqrt{36}}{\sqrt{2}}=4.243$　　$\dfrac{B}{C}=\dfrac{\sqrt{34}}{\sqrt{2}}=4.123$　　$B=[223]$

2. 面心立方晶体的标准电子衍射花样

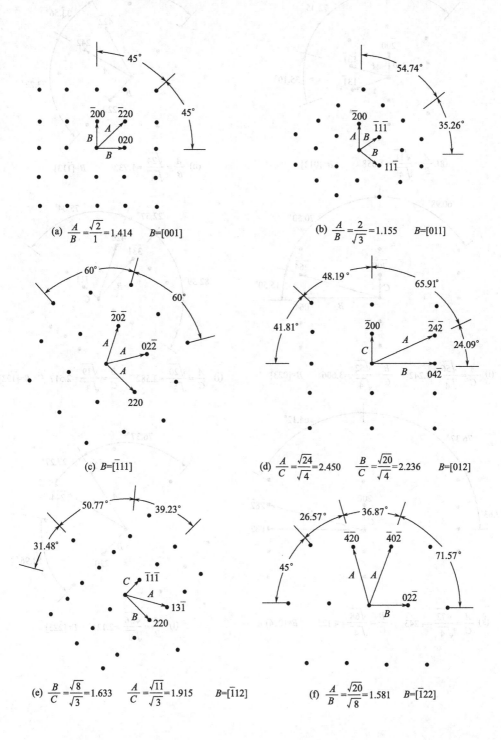

(a) $\dfrac{A}{B}=\dfrac{\sqrt{2}}{1}=1.414$ $B=[001]$

(b) $\dfrac{A}{B}=\dfrac{2}{\sqrt{3}}=1.155$ $B=[011]$

(c) $B=[\bar{1}11]$

(d) $\dfrac{A}{C}=\dfrac{\sqrt{24}}{\sqrt{4}}=2.450$ $\dfrac{B}{C}=\dfrac{\sqrt{20}}{\sqrt{4}}=2.236$ $B=[012]$

(e) $\dfrac{B}{C}=\dfrac{\sqrt{8}}{\sqrt{3}}=1.633$ $\dfrac{A}{C}=\dfrac{\sqrt{11}}{\sqrt{3}}=1.915$ $B=[\bar{1}12]$

(f) $\dfrac{A}{B}=\dfrac{\sqrt{20}}{\sqrt{8}}=1.581$ $B=[\bar{1}22]$

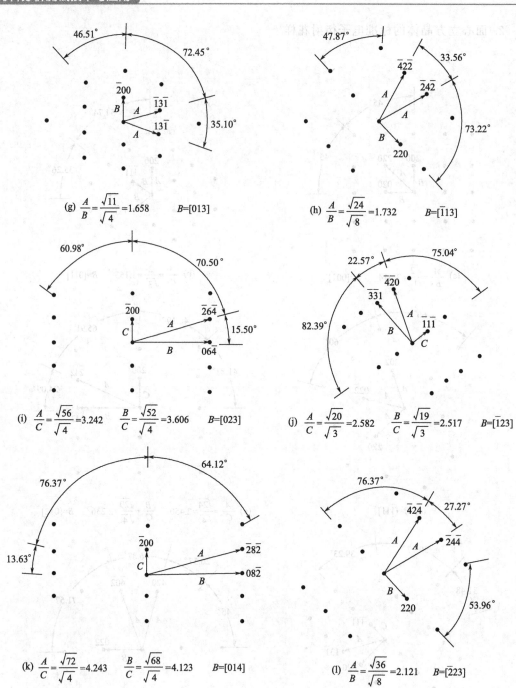

(g) $\dfrac{A}{B}=\dfrac{\sqrt{11}}{\sqrt{4}}=1.658$ $B=[013]$

(h) $\dfrac{A}{B}=\dfrac{\sqrt{24}}{\sqrt{8}}=1.732$ $B=[\bar{1}13]$

(i) $\dfrac{A}{C}=\dfrac{\sqrt{56}}{\sqrt{4}}=3.242$ $\dfrac{B}{C}=\dfrac{\sqrt{52}}{\sqrt{4}}=3.606$ $B=[023]$

(j) $\dfrac{A}{C}=\dfrac{\sqrt{20}}{\sqrt{3}}=2.582$ $\dfrac{B}{C}=\dfrac{\sqrt{19}}{\sqrt{3}}=2.517$ $B=[\bar{1}23]$

(k) $\dfrac{A}{C}=\dfrac{\sqrt{72}}{\sqrt{4}}=4.243$ $\dfrac{B}{C}=\dfrac{\sqrt{68}}{\sqrt{4}}=4.123$ $B=[014]$

(l) $\dfrac{A}{B}=\dfrac{\sqrt{36}}{\sqrt{8}}=2.121$ $B=[\bar{2}23]$

3. 密排六方晶体$\left(\dfrac{c}{a}=1.633\right)$的标准电子衍射花样

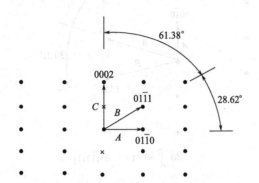

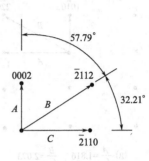

(a) $\dfrac{C}{A}=1.09$ $\dfrac{B}{A}=1.139$ $B=[2\bar{1}\bar{1}0]$

(b) $\dfrac{C}{A}=1.587$ $\dfrac{B}{A}=1.376$ $B=[01\bar{1}0]$

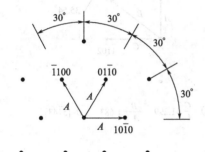

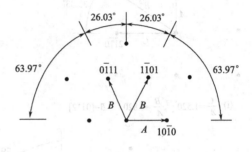

(c) $B=[0001]$

(d) $\dfrac{B}{A}=1.139$ $B=[1\bar{2}13]$

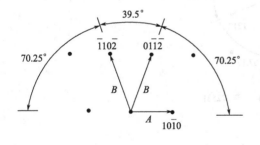

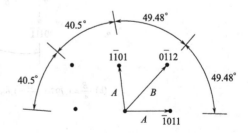

(e) $\dfrac{B}{A}=1.180$ $B=[\bar{2}4\bar{2}3]$

(f) $\dfrac{B}{A}=1.299$ $B=[01\bar{1}1]$

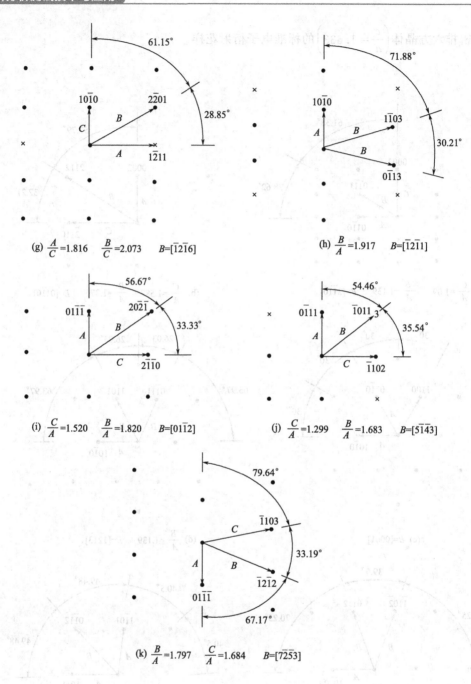

(g) $\frac{A}{C}$=1.816 $\frac{B}{C}$=2.073 $B=[\bar{1}2\bar{1}6]$

(h) $\frac{B}{A}$=1.917 $B=[\bar{1}2\bar{1}1]$

(i) $\frac{C}{A}$=1.520 $\frac{B}{A}$=1.820 $B=[01\bar{1}2]$

(j) $\frac{C}{A}$=1.299 $\frac{B}{A}$=1.683 $B=[5\bar{1}\bar{4}3]$

(k) $\frac{B}{A}$=1.797 $\frac{C}{A}$=1.684 $B=[\bar{7}2\bar{5}3]$

附录 2　立方晶体和六方晶体可能出现的反射

$h^2+k^2+l^2$	立方				六方	
	hkl				h^2+hk+k^2	hk
	简单	面心	体心	菱形		
1	100				1	10
2	110	⋯	110		2	
3	111	111	⋯	111	3	11
4	200	200	200		4	20
5	210				5	
6	211	⋯	211		6	
7					7	21
8	220	220	220	220	8	
9	300,221				9	30
10	310	⋯	310		10	
11	311	311	⋯	311	11	
12	222	222	222		12	22
13	320				13	31
14	321	⋯	321		14	
15					15	
16	400	400	400	400	16	40
17	410,322				17	
18	411,330	⋯	411,330		18	
19	331	331	⋯	331	19	32
20	420	420	420		20	
21	421				21	41
22	332	⋯	332		22	
23					23	
24	422	422	422	422	24	
25	500,430				25	50
26	510,431	⋯	510,431		26	
27	511,333	511,333	⋯	511,333	27	33
28					28	42
29	520,432				29	
30	521	⋯	521		30	
31					31	51
32	440	440	440	440	32	
33	522,441				33	
34	530,433	⋯	530,433		34	
35	531	531	⋯	531	35	
36	600,442	600,442	600,442		36	60
37	610				37	43
38	611,532	⋯	611,532		38	
39					39	52
40	620	620	620	620	40	
41	621,540,443				41	

$h^2+k^2+l^2$	立方				六方	
	hkl				h^2+hk+k^2	hk
	简单	面心	体心	菱形		
42	541	…	541		42	
43	533	533	…	533	43	61
44	622	622	622		44	
45	630,542				45	
46	631	…	631		46	
47		…	631		47	
48	444	444	444	444	48	44
49	700,632				49	70,53